寂静的春天

[美]蕾切尔·卡逊◎著　曹越◎译

長江出版傳媒 | 长江文艺出版社

高端阅读指导委员会

（系各省级教研员）

导读　纪念蕾切尔·卡逊的《寂静的春天》出版 25 周年

美国前副总统　阿尔·戈尔

以政府官员的身份为《寂静的春天》写文章令我受宠若惊，因为思想比政治的力量更为强大，它是一座里程碑。1962 年，当《寂静的春天》第一次出版时，公共政策中还没有专门针对“环境”的条款。

过去，除了在一些不常见的专业科技期刊中可以看到有关日益增长的 DDT 以及其他杀虫剂、化学药物的使用的危害性的讨论，人们常常忽视了这个问题的严重性。而《寂静的春天》犹如旷野中的呼唤，它用真切的感受、系统的研究和坚定的观点改变了历史的进程。如果没有这本书，环境运动也许会被拖延到很久之后才开始，甚至根本还没有开始。

本书作者蕾切尔·卡逊是研究鱼类和野生资源的海洋生物学家，所以本书受到了从环境污染中获利的人的反对。大多数生产化学药物的公司试图阻止这本书的出版发行，当它在《纽约人》中出现时，卡逊立刻受到了很多人的指责，说她是耸人听闻的、太过极端的。即使在现在，当书中的问题向那些从危害环境中获利的人提起时，他们依旧会这样对她进行指责。当这本书广泛流行时，激起的反抗是强烈的。

蕾切尔·卡逊因为《寂静的春天》受到的攻击可与达尔文当年因《物种起源》受到的攻击相当。而且，因为卡逊是一位女士，她因为自己的性别受到了很多的攻击，与此同时，她的科学家的身份也受到攻击。

但是卡逊有两个强大的武器来抵抗这种攻击——对事实的尊重和超常的勇气。作品中的字字句句都是经过她仔细推敲的，她的语言准确而严谨，她的勇气和远见已经超过了那些试图从污染环境中获利的产业从业者的预估。当她在乳房被切除、忍受放疗痛苦的同时，以坚韧不拔的精神继续着写作。在图书出版的两年后，她死于乳腺癌。讽刺的是，新的研究发现有力地证明了癌症和暴露在有毒化学物质中是有必然联系的。从某种意义上说，卡逊是用生命在写作。

虽然用现在的眼光来看，卡逊多年前的观点是极具前瞻性的，我们也可以想象得到，卡逊受到了有关利益集团多大的攻击，甚至美国医学协会也和生产化学药物的公司一样在对抗她，不仅如此，发明 DDT 杀虫剂的人还获得了诺贝尔奖。

《寂静的春天》里提出的观点不可能被淹没，虽然书中涉及的问题不可能马上解决，它依然受到了广大民众的欢迎。在《寂静的春天》之前，卡逊的另外两本畅销书《我们周围的海洋》和《海的边缘》已使作者获得了经济独立和公众的信任。如果《寂静的春天》是在十年之前出版，那么它说不定就会沉寂，因为在这十年中，美国人对环境问题有了一定的认识和心理准备，对于书中讲述的一些事情，他们可能曾经留意过。

到了最后，不仅仅是看过这本书的人，政府和民众都卷入了这场环保运动中，当本书的销量超过 50 万册时，CBS 制作了一个小时

目录

一　为明天寓言

从前，美国中部有一座城镇，从表面上看来，那儿的一切生物与它们周围的生存环境相处得很和谐。这座城镇处于一片繁茂的农场的中间，那片农场就如棋盘般的整齐排列着。这座城镇周围都是绿油油的庄稼还有果园。春天的时候，盛开的繁花就如云朵一般飘浮在绿色的田野上。秋天的时候，以松树为背景，橡树、枫树和桦树燃出了彩色的光芒。那时，狐狸们在小山上号叫着，小鹿悄无声息地穿过被秋天晨雾半遮半盖着的田野。

一年的大多数时候，沿着小路生长的月桂树、荚莲属植物和桤木，以及巨大的羊齿植物和野花都令旅行者们赏心悦目。即使在冬天，道路两旁也充满了美，那儿有不计其数的小鸟飞到露在白雪之上的浆果和干草的穗头上觅食。事实上，郊区正是以其丰富而繁多的鸟类资源闻名于世。春天和秋天，当迁徙的候鸟蜂拥而至时，人们都不惜长途跋涉来此地观赏它们。

不过也有不少人是来这儿干净又清凉、从山中徐徐流出的小溪里捕鱼的。这一切直到许多年前的一天改变了，第一批人来到这儿定居，他们在这里建房子，挖井和修筑粮仓。

就从那时候起，一大片奇怪的阴影开始出现在这片地区的上空，而且所有一切都开始改变了。一些恶魔般的预示在这片地区蔓延开来：神秘的疾病放倒了一群又一群的牛羊，它们走向了死亡。死亡的幽灵在这片土地的上空徘徊。农民们唠叨着家人的体弱多病；城镇里的医生也越来越好奇在自己病人身上出现的新型疾病。不仅仅是在成年人中，甚至在孩子们中间也出现了几例突发的、莫名其妙的死亡，这些孩子在玩耍时突然没有任何预兆的倒地，然后在几小时内死亡。

这儿有一种怪异的安静。举个例子，鸟儿们都到哪儿去了呢？人们困惑又困扰地谈论着这些消失的鸟儿。人们院子后面给鸟儿们喂食的地方荒废了。见到的几只鸟儿也都是奄奄一息，它们剧烈地颤抖着，也不能飞了。这是一个没有一点声音的春天。知更鸟、猫鹊、鸽子、松鸦、鹪鹩以及其他的鸟儿曾经在这儿的清晨里合鸣，现在这儿已经变得寂静无声，只有寂静覆盖着田野、树林和湿地。

农场里有母鸡在孵蛋，但是却没有破壳而出的小鸡。农民们抱怨他们再也无法养猪了，因为新生的小猪仔个头太小了，大一点的也只能活几天。苹果树马上要开花了，但是却没有蜜蜂在花骨朵儿边嗡嗡地飞来飞去，所以它们无法授粉，这样就没有果实了。

曾经那么迷人的道路两旁现在排列着仿佛被火焰侵袭过的、烤焦了的枯萎植物。这些被有生命的东西抛弃的地方同样也是一片寂静。甚至是小溪现在也失去了吸引力。因为所有的鱼儿都死了，所以钓鱼的人也不再造访此地。

在屋檐下的水管中，在屋顶的瓦片之间，仍能看到一种白色粉末露出的些许痕迹。在几周前，这些白色的粉末像雪花般飘落在屋顶、草地、田野和小溪上。

的节目来介绍这本书。

肯尼迪总统曾在国会上专门讨论过这本书，并派出一个专门小组对书中提出的问题进行调查，结果是，将一些不负责任的企业送上了法庭，卡逊提出的杀虫剂存在潜在危险的观点被承认。没过多久，美国第一个农业环境组织成立了。

《寂静的春天》将环保主义的种子广播于广大民众心中并生根发芽。1964年春天，蕾切尔·卡逊逝世了，但是我们永远都会听到她振聋发聩的呼声。她唤醒的不仅仅是美国，而是整个世界。这本书的出版可以看作是现代环境运动的发起。

《寂静的春天》对我本人的影响也是深刻的。我是在妈妈的建议之下阅读这本书的，我和姐姐甚至在饭桌上讨论这本书，实际上我们并不常常这样做。我们之间的讨论给我留下了深刻的印象。事实上，蕾切尔·卡逊是促使我意识到环境问题的重要性并投身于环保运动中的原因之一。蕾切尔·卡逊是我的榜样，她激励着我写出了《濒临失衡的地球》，并由哈顿·米夫林公司出版，这家公司出版了许多有关环境问题的好书。

当卡逊接到一封来自马萨诸塞州的一个名叫奥尔加·哈金丝的妇女关于DDT杀死鸟类的信件时，她就开始构思《寂静的春天》了。现在，因为卡逊的努力，DDT被禁止使用了，与此同时，诸如鹰之类的鸟类不再濒临灭绝。正是因为她的这部作品，数不清的人活了下来。

毫无疑问的是，《寂静的春天》是能够与《汤姆叔叔的小屋》比肩的作品，因为这两本伟大的书都改变了我们的社会，不过它们之间也有很大的区别。哈里特·比彻·斯托把人们关注的焦点问题写成了小说，她为国家利益以及种族矛盾带入了更多的人性关怀，她笔下的人物形象深深地打动了读者，唤醒了民众的良知。林肯总统在南北战争的冲突顶峰时会见了斯托夫人，称她为“开启了整个事件的女士”。与之相反的是，蕾切尔·卡逊的作品将大多数人都没有预见到的危险记录了下来，她试图在国家的层面提醒人们对环境问题注意，而并不是为人们已经关注的问题提供证据。从这种意义上说，她的呼吁就更加珍贵。

这两本书还有一个区别就是，《汤姆叔叔的小屋》关注的奴隶制可能也确实是在数年之内终结了，但是《寂静的春天》关注的环境问题却是长时间存在的。虽然美国发起了禁止使用DDT的行动，但是环境并没有变好，而是越来越差。从《寂静的春天》出版后，使用于农场的农药就增加到每年11亿吨，生产出来的危险化学品增长了4倍。虽然我们国家将一些种类的农药列入了禁止使用的范围，但是这些种类的农药仍然被我们生产出来并出口到其他国家，己所不欲勿施于人，虽然我们不愿承担，但是这种获利是不道德的，而且任何一个地方的食物链受到破坏，最终都会伤害到所有的食物链。

卡逊最后的几次演讲是在美国园林俱乐部进行的。她认为，情况在好转之前会先变得更糟糕，问题很多，却没有一蹴而就的解决办法。她还发出警告，“我们等待的时间越长，面对的危险就越多，我们正在全面暴露于化学药物的危害之下，动物实验已经证明它们毒性剧烈，而且在很多情况下，毒性还会累积，这种毒害甚至在动物还未从母体出生时就已经开始了，如果我们不改变，那么这种情况还会贯穿生命的整个历程，没有人知道结果会怎样，因为我们从未有过这样的经历。”在她的这些言论发表之后，我们已经经历了许多悲伤的事情，与农药有关的癌症以及其他种类的疾病暴发性增长，虽然我们已经做了许多，但是远远不够。

1970年美国成立了环境保护署，这在很大程度上是蕾切尔·卡逊的功劳，她唤起了人们的环保意识。

在《寂静的春天》中，蕾切尔·卡逊告诉我们，过分使用杀虫剂的行为是与人类基本价值背离的，杀虫剂的过分利用与基本价值不协调。最糟糕的是，它们会制造“死亡之河”，而长期的、缓慢的危害反而是最好的结果。

1988年，环保署发表的调查报告中记录，32个州的地表水已经被74种不同的农业化学药品污染了，这些化学药物包括一种公认的潜在致癌物——除草剂阿特拉津。密西西比河流域的农田每年要喷洒7000万吨农药，而150万磅流入了供2000万人饮用的水中。在市政机构对水进行处理的过程中，阿特拉津并没有除掉。春天时，水中的阿特拉津的含量常常会超过饮用水的安全标准。1993年，整个密西西比河中的25%的水中的阿特拉津都超标了。

因为其他原因，DDT和PCBs在美国被禁用了，但是作为化学物近亲的模仿雌性激素的杀虫剂又大量出现，而且使用范围还在不断扩大。来自苏格兰、密歇根州、德国和其他地区的研究报告表明，它们能够造成生育能力下降，引发睾丸癌以及生殖器官畸形等。在这种激素类杀虫剂泛滥20年来，仅仅在美国，睾丸癌的发病率已增长了50%。有些研究人员也认为这些化学药物同样影响了野生动物的再生能力。请不要在非必需的情况下冒昧使用农药，因为它产生的效果是暂时的或偶然的，但是真正好的效果是长期的。

总而言之，我们需要把目光投向生物产品上，这也许会遭到化学工业界和相关利益团体的抵制，在卡逊的作品中，她也提到生物制剂是“真正的可替代化学药物控制昆虫的物质”。今天，尽管受到了大多数官员和化学工业利益团体的抵制，但这些生物替代品已被广泛推广，为什么我们不能够尽力推广无毒的生物制剂呢？

我们必须在杀虫剂生产商、农业团体和公众健康之间建立一座沟通的桥梁，他们有着不同的背景，不同的教育程度，持有不同的观点，如果他们不能够互相理解，而是充满怀疑和对彼此的仇视，那么，要改变这个固有的、以环境污染为代价的利益获取体制是相当艰难的。我们能够结束这种情况的方法就是让他们彼此进行对话，减少他们之间的偏见。

1992年，一个杰出的组织将《寂静的春天》推选为近50年来最有影响的书。这本书告诫我们，关注环境问题不仅仅是政府的事情，也是每个人需要关注的自己的事情。如果民主和保护地球站在同一边，那么哪怕政府并不管理，人们也会自觉地抗议环境污染。政府必须行动起来，人民群众也要坚持自己正确的观点，我相信，人们将不会允许政府无作为或在错误的道路上前进。

蕾切尔·卡逊的影响力已超过了她的作品《寂静的春天》，她让我们看到了我们现代文明在某些地方已经退化到了令人震惊的程度，她同时告诉我们，人应该与自然环境融合。本书如同一道闪电让我们看到了我们这个时代最重要的事情。在《寂静的春天》的最后几页中，卡逊用罗伯特·弗罗斯特的著名诗句为我们描述了“很少有人走的道路”。这条路上已经有一些人，但是很少有人像卡逊那样将世界带上这条路。她的所作所为、她所揭示的真理，她所呼吁的科学研究，不仅对限制使用杀虫剂起到了有力的推进作用，同时也有力证明了个人的举动到底能有多么伟大。

不是魔法，也不是敌对的行为使这个受到侵袭的世界里的新生命无法重生。这是人们咎由自取。

这座城镇并不是真实存在的，但是在美国或世界上其他地方可以轻轻松松找到上千个和它极其相似的城镇。我知道，并没有一座村庄承受过如我所描述的所有的不幸。但实际上，这些灾难中的每一种都已经在某些地方发生过，并且有很多真真正正存在的村庄已经真真切切的遭受了一系列的不幸。一个几乎让人察觉不到的可怕的幽灵慢慢向我们逼近，并且这种可以想象得到的悲剧很容易变成一个众所周知的严峻现实。

是什么让美国不计其数的城镇的春天变得寂静无声？这本书试着解释这个问题。

二　忍受的义务

地球上生命的历史其实是生物与其周围环境互动的历史。从很大程度上来说，地球上植物和有生命的动物的物理形态和生存习性也是由环境塑造而成的。对于地球形成的整个生命时间范围而言，生命体能够改变环境的能力相对而言一直是较小的。仅仅在人类这种新的生命物种出现之后，生命体才掌握了能够改变周围自然环境的重要能力。

在过去的二十五年中，这种能力还没有提高到令人不安的量级，但是它已能导致一定程度的变化。最令人震惊的人类对于环境的侵袭行为使空气、大地、河流以及大海遭受了污染，它们甚至遭受了危险乃至致命物质的污染。这种污染在很大程度上是无法逆转的，由这种污染引发的一系列罪恶结果不仅进入了维系着各种生命的世界，同样也进入了生物组织内部。而且它们都是不可修复的。在目前这种普遍的环境污染下，化学物品是有毒害作用的，人们甚至难以认识到它们的危害几乎可以和放射性物质的危害平起平坐。核爆炸中释放出来的锶 90 进入空气中，随着雨水和粉尘降落到地面上，扎根在土壤里，进入生长在那儿的草地、谷子、玉米、小麦里，并进入到人们的骨头里，一直留在那里，直到人们死亡。同样的，那些散在农田、森林或花园里的化学物品也会长久的存在于土壤中，进入生命有机体里，它们在中毒和死亡的链子上游走着。它们也会在地下水中神秘的转移，直到再次出现，这时它们在阳光和水的作用下已经形成了新的物质，这些新物质可以杀死植物，让牲口生病，使那些曾经饮用纯净的井水的人受到未知的伤害。就像阿伯特·施韦策所说的："人们很难认出自己创造的魔鬼。"

地球上的生物进化到我们现在看到的样子已经用了千百万年的时间，在此期间，不断进步、进化和变化的生命体与其周围的环境达到了一种平衡状态。对自己养育的生物有着严格构成和指导意义的环境中包含着供给生物的元素，同样也包含着有害元素。有些石头放射出危险的射线，甚至所有生命能量的来源——太阳的光芒中也有具有伤害力的短波射线。生命调整达到平衡需要的时间不是以年计数而是以千年计数，时间是最基本的元素，但是现代社会中已没有时间。

变化的速度之快和新情况出现的速度之快已能反映出人们匆忙而草率的节奏超过了大自然优雅从容的速度。放射性物质已经远远不止岩石的放射性物质、宇宙射线以及太阳紫外线等在地球上还没有任何生命之前已经存在的放射性物质了。现在的放射性物质是人们对原子篡改的非自然的创造物。生命在自身的调整过程中所遇到的化学物品不仅仅只是从岩石中冲刷出来、由河流带到海里的钙、硅以及其他矿物质，它们是由人们的发明思维在实验室里创造出来的人工合成物，它们在大自然中是没有相对应的物质的。

大自然的天平使这些化学合成物平衡起来是要时间的，这不仅仅只需要一个的一辈子，而是需要几代人。哪怕有奇迹发生，这种平衡也是不可能达到的，因为新的化学物质会源源不断从我们实验室流出，仅仅在美国，每年都有 500 种化学合成物运用到了实际应用中。这些化学合成物的性状变化莫测，它们非常复杂，难以掌握。人类和其他动物每年都要想方设法地尽全力去适应这500种从未体验过的化学合成物。

这些化学物质中的许多物质都被运用在人类对抗自然的战争中。自20世纪40年代中期以来，人们创造出了超过200种化学物质来杀死昆虫、野草、啮齿目动物和被现代人称为“害虫”的生物。这些化学物品被冠以几千种不同的名字作为商品出售。

现在，农场、果园、森林和家庭已经普遍使用这些喷雾器、药粉和喷洒药水。这些不具有分辨能力的化学物品能够杀死每一种昆虫，无论它们是“好的”还是“坏的”。它们令鸟儿不再歌唱，水中的鱼儿不再跳跃。它们给树木蒙上了一层致命的薄膜，并且一直留存在土壤中。这并不是人们的本意，人们原本只是为了消灭几种杂草和昆虫。但谁能相信，在地球上施放有毒的烟幕弹而不伤害所有的生物呢？与其称它们为“杀虫剂”，还不如称它们为“杀生剂”。

使用这些化学物品的整个过程看起来就好像一个不断上升的螺旋运动，并且没有终结的时候。从DDT被广泛应用以来，伴随着更多有毒物质的出现，这种不停升级的过程就开启了。根据达尔文的“适者生存”这一伟大理论，昆虫能够不断向高层次进化以对抗特定的杀虫剂，获得这种杀虫剂的抗药性，然后，人们就得发明出一种新的能够杀死昆虫的化学物品，昆虫继续进化、适应，再然后，一种更新、毒性更强的化学物品就会被发明出来。人们想要消灭的昆虫常常在喷洒过药物后变本加厉的报复，或是重新出现，而且数目比以往更多了。这样一来，人们在与化学物品的战争中永远不能取胜，而所有的生物却在这样火力十足、攻击性强的战争中受到伤害。

人类可能被核战争毁灭，与此同时，人类也可能毁灭于糟糕的环境。

环境已被令人震惊的、潜伏着的有毒物质污染，这些有毒物质在植物和动物的组织里积累下来，它们甚至侵入了生殖细胞，这样会导致决定物种未来形态的遗传物质遭到破坏或改变。

那些自称为“未来人类的设计师”的人总是兴高采烈地期盼着能够随便设计、改变人类基因图谱的那一天，而现在，我们的无知粗心就能达到这个目的，那是因为许多的化学物品都能导致基因突变，就如同放射性元素一样。想想选择杀虫剂这么微不足道、不足挂齿的小事情居然能够决定人类的未来，真是太讽刺了啊！

人类冒着风险做这一切是为了什么呢？以后的历史学家可能对现在的我们对于利弊选择的超低判断力感到难以置信。理性的人们千方百计地想要消灭一些自己不需要的物种，但是他们怎么能够采取那种既污染环境，又给自己带来疾病和死亡威胁的方式呢？可是，这正是我们曾经所做的。我们大量使用杀虫剂以维持农场的产量，但我们真正的问题难道不是“生产过剩”吗？我们的农场不再采取减少亩产量、付钱请农民不再生产的举措，而是生产出了数量令人咋舌的谷物，这使得美国纳税人在1962年付出了超过10亿美元的费用来维修存储过剩粮食的仓库。农业部的一个部门企图减少生产量，而其他州却在1958年宣称：“通常可以确定，在土地银行的规定下，减少谷物亩数将刺激化学药品的使用以从还留有庄稼的土地上取得最大的产量。”而且它们也是这样做的。

这并不是说没有虫害问题和不需要控制了。我的意思是，控制一定要立足现实，而不是基于神话般的幻想，而且所使用的方式一定要是不会令我们和害虫一起毁灭的方式。

人类试图解决虫害的问题，却引发了一系列灾难，这是我们现代文明生活方式的产物。在人类出现很久之前，昆虫就已经出现在地球上了，它们是各种各样、和谐相处的生物。在人类出现之后，五十多万种昆虫中的一小撮阻拦了人类的幸福，它们影响人类幸福的途径主要有两种：一种是与人类抢食物，另一种是传播人类的疾病。

在居住环境拥挤的地方，那些传播疾病的昆虫是重要问题，特别是在卫生条件很差的情况下，比如在自然灾害发生时、战争爆发时或是极度贫困的情况下，这时控制某些昆虫的行为就变得极为必要。在不久的将来，我们会看到一个严峻的现实，人们通过大量使用化学物品控制昆虫的方法只取得了有限的胜利，但是这种方式却给人们带来了更大的威胁。

在原始的农业时代，农民很少遇到虫害问题。这些问题是随着农业的发展而产生的，人们大面积的精细种植同一种谷物的方式为某些昆虫数量的剧增提供了便利条件。大面积的、单一种植农作物的方式并不符合大自然的规律，这是工程师们设想中的农业。大自然让大地充满了多样性，人们却热衷于使之简化。这样一来，大自然平衡的格局就被破坏了，因为大自然正是以这种平衡的格局控制着各种生物的数量。大自然平衡重要的一点就是它对每一种生物适宜存活的面积都有限制。显而易见，一种吃麦子的昆虫在专门种麦子的农田里繁殖的速度要比在麦子和其他它所不适应的谷物混合种植的农田里要快得多。

同样的情况也发生在其他地方。在一代或更久以前，美国大城市的街道两旁都竖立着高大的榆树，而现在，人们充满希望建立起来的美景遭到了被完全毁灭的威胁，因为由某种甲虫带来的疾病侵袭了这些榆树，如果当时人们将榆树与其他树种掺杂着混合种植，那么这种甲虫的繁殖和由其带来的疾病的蔓延速度必然受到制约。

现代昆虫问题中的另一个点是必须以地质历史和人类历史为背景对

问题进行考察：数千种不同种类的生物从它们原来生长的地方向新的区域蔓延。英国的生态学家查尔斯·埃尔顿在他的最新著作《入侵生态学》中对世界性的迁徙进行了深刻研究和生动描述。在几百万年以前的白垩纪时期，泛滥的大海切断了许多大陆间的陆桥，各种生物发现自己被限制在埃尔顿所描述的“巨大的独立自然保护区”内。它们与同类的伙伴隔绝开来，它们演化出许多新的物种。大约在1500万年以前，当这些陆地板块被重新连接起来之后，这些物种开始迁移到新的地区，这种行为仍在进行之中，并且得到了人们的大力相助。

植物的进口是现代昆虫传播的主要方式，而动物几乎是永远随着植物一起迁徙的，虽然检疫是一种比较新的方式，但它不完全有效。仅仅是美国植物局就每年从世界各地引进了接近 20 万种的植物。美国境内180种植物的昆虫天敌中大约有一半是意外地从国外进口过来的，它们搭着植物的便车而来，就好像人们徒步时搭乘别人的便车一样。

一种入侵的动物或植物因为在新地方没有自然天敌的威胁，它们的数量不再受限制，所以它们可能会蓬勃发展起来。这样我们所面临最令人头疼的昆虫问题不再是偶然事件了。

不管是天然发生的，还倚仗人类的帮忙而发生的，这些入侵好像在无止境地进行着。检疫和大规模地使用化学药物仅仅是拖延时间的非常昂贵的方式。我们面临的情况正如埃尔顿博士所说的：“不仅仅需要寻找消灭这种植物或那种动物的技术方法；取而代之的是，我们需要掌握动物繁殖和它们与周围环境关系的基本知识；这样做能够促使稳定的平衡得以建立，并扼制虫害的爆发和新的入侵。”

现在，许多知识是可以运用的，但我们却并未运用它们。我们的大学培养出了生态学家，我们的政府甚至雇用了生态学家，但实际上，我们很少听从他们的建议。我们任凭致命的化学药品如下雨般喷洒，仿佛除此之外别无他法，其实有很多其他可行的方法，只要有机会，人类的聪明才智可以使他们很快发现许多解决办法。

我们是被迷惑了心窍吗？我们好像失去了判断好坏的能力，被迫接受低劣和不利的事物。如生态学家保罗·谢尔德所言，这种想法就是“理想化的生活就像刚刚把头露出水面的鱼，却不知自己的生活环境离崩溃只有咫尺之遥……为什么我们要忍受有毒的食物？为什么我们要忍受建立在烦闷环境中的家庭？为什么我们要忍受与完全不是我们敌人的对象进行的战争？为什么我们一边担心精神错乱，一边又要忍受马达的噪音？谁愿意生活在一个仅仅不算太悲惨的世界中呢？”

但是，一个这样的世界正向我们逼近。现在看来，建立一个无化学毒物、无虫害的世界的改革运动已唤起许多专家和大多数所谓环境保护协会的巨大热情。从各个方面来看，那些批准进行喷洒药物的行为实际是在滥用权力。康涅狄格州的昆虫学家尼利·特纳说过：“负责监督工作的昆虫学家们的职务集起诉人、法官、陪审、估税员、收款员和司法官于一身，并负责发号施令。”无论是在每个州还是在联邦的代理处，最恶劣的农药滥用行为都能畅通无阻地进行。

我的意思并不是化学杀虫剂根本不应该使用。我所质疑的是，我们把有毒的和能对生物产生药力的化学药物不加甄别的、大量的、完完全全地交到人们手中，人们却对它们的潜在危险一无所知。我们造成大量的人接触到这些有毒的化学药物，然而这并没有得到他们的同意，甚至经常不让他们知晓。如果民权条例没有提到一个公民有权免受由私人或公共机关喷洒的致命毒药的危害，那真的仅仅是因为我们的先辈受制于他们的智慧和眼界而无法预见到这类问题。

我还要强调的是：我们很少或没有对这些化学药物对土壤、野生物以及人类自身的影响进行过调查就允许它们投入使用。对于 我们在保护滋养万物的大自然方面的过失，我们的后代未必愿意宽恕我们。

直到今天，对于大自然遭受了何种程度的威胁，人们的了解依旧很有限。在现在这样的“专家”时代，专家们的眼睛只盯着他们自己研究的问题，而不去了解他们的“小问题”对于大问题而言是否显得狭隘。现在又是一个商业的时代，在商业运营中，那些不惜付出任何代价去换取金钱的行为很难受到批评。当公众因为使用杀虫剂造成明显的破坏证据提出抗议时，半真半假的小小镇定丸就会令他们满足。我们迫切需要终结这些虚伪的保证和丢弃包裹着邪恶事实的糖衣炮弹。政府的昆虫管理部门所预测的危险最终是由广大民众承担，应该是由民众决定究竟是在现在的道路上继续前行，还是停下来等掌握了足够的事实依据之后再继续前进。简·罗斯坦德说：“忍耐的义务赋予我们知晓的权利。”

三　死神的炼金术

现在的每个人从还未出生直到死亡都注定要和危险的化学物品接触，这种情况在整个历史长河中还是首次出现。合成杀虫剂仅使用了不到20年时间就已经无孔不入了，不论是动物界还是非生命界，处处都能找到它的踪影。我们在大部分的重要水系甚至是地表之下的潜流中已经检测到了这些化学物质。十几年前被使用过化学药物的土壤里仍有毒素的残余。它们广泛地侵入到了鱼类、鸟类、爬行动物以及家畜和野兽的身体里，并潜伏留存下来。需要进行动物实验的科学家也觉得想要找个未受污染的实验对象是不太可能的。在偏僻的湖泊里的鱼群的体内，在泥土中钻洞的蚯蚓的体内，在鸟下的蛋里都发现了这些化学物质，并且在人类的身体里也发现了这些化学物质。不论男女老少，这些化学药物积存于绝大多数人的身体里。在母乳里也发现了这些物质，它们甚至可能存在于还未出生的婴儿的细胞组织里。

生产人工合成化学药物的杀虫剂工业的突然兴起和快速发展导致了上述这些现象的出现。这个产业是第二次世界大战的产物。人们在化学战中发现，实验室中制造出来的有些药物能够消灭昆虫。这并非偶然。作为代替人类去死的昆虫向来都被用来进行化学药物实验。

现在的结果是，人类开始源源不断地生产合成杀虫剂。人们在实验室里巧妙地操控分子，替换原子，改变它们的排列而产生，这使它们与战前比较简单的无机物杀虫剂大不相同。以前的药物来源于天然的矿物质和植物——即砷、铜、铅、锰、锌及其他元素的化合物；除虫菊来自干菊花、尼古丁硫酸盐来自烟草的某些同属，鱼藤酮来自东印度群岛的豆科植物。

这些新的合成杀虫剂的凶猛的生物学效能不同于其他药物。它们具有超强的药效：不仅能毒害生物，而且能参与生物体内最重要的生理过程，并常常导致这些生理过程产生致命的恶变。如此一来，就和我们将要看到的一样，它们破坏了刚好是保护身体免受侵害的酶——它们阻碍了人体获得能量的氧化作用过程；它们阻挠了各个器官的正常运作；它们还会在一定的细胞内造成缓慢且不可逆的变化，而这种变化就导致了最终状况的恶化。

然而，每年都有杀伤力更强的新的化学药物研制成功，它们各有各的新用途，这就使得全世界都已与这些物质发生了接触。在美国，合成杀虫剂的产量从 1947 年的 124，259，000 磅猛增至 1960 年的 637，666，000 磅，比原来增加了 5 倍多。这些产品的批发总价远远超过了 250，000，000 美元。但是从这个行业的生产计划以及远期发展规划来看，这一巨大的产量仅仅只是开始。

因此，对我们来说，一本《什么是杀虫剂》是必不可少的了。如果我们不可避免地要和这些药物亲密接触，吃的喝的里面都有它们，我们的骨头里也吸收了这些药物，那么我们最好还是知晓一下它们的性质和药效吧。

尽管第二次世界大战标志着杀虫剂由无机化学物逐渐转向碳分子的

奇异世界，但仍有几种旧物质保留了下来。其中主要是砷——它仍然是多种除草剂、杀虫剂的基本成分。砷是一种高毒性矿物质，它在各种金属矿中含量很高，而在火山、海洋、泉水内的含量都很小。砷与人类的关系源远流长，并且种类多样。因为许多砷化合物是无味的，故从博尔吉亚家族时代之前直到今日，它一直是最常用的杀人剂。接近两世纪之前，一位英国医师研究了烟囱的烟灰之后得出的结论——砷与癌症有关。长期以来人类慢性砷中毒的现象是有记载的。砷污染了的环境，它已造成马、母牛、山羊、猪、鹿、鱼、蜜蜂这些动物的疾病和死亡，尽管已有这样的记录，砷的喷雾剂、粉剂还是在被广泛应用。美国南部使用砷喷雾剂的产棉地区，专业的养蜂业几乎破产。长期使用砷粉剂的农民一直受到慢性砷中毒的折磨；牲畜也因人们使用的含砷的田禾喷剂和除草剂而遭受毒害。从越橘地里飘来的砷粉剂飘落在邻近的农场里，污染了溪水，对蜜蜂、母牛造成了致命的毒害，并使人们染上疾病。一位环境癌的权威人士——全国防癌协会的 W. C. 休珀博士说：“……在处理含砷物方面，我国近年来的实际情况是完全漠视公众健康，想要比这个态度更加糟糕基本是不可能了。凡是见过砷杀虫剂撒粉器、喷雾器怎样工作的人，一定会对那种随意、马虎的使用有毒物质的方式深有感触，永不忘记。”

现代杀虫剂的致命性更强。其中大多数自然地归属于两大化学物品的门类。一类就是以著名的 DDT 所代表的“氯代烃”；另一类由有机磷杀虫剂构成，以人们较熟悉的马拉息昂和对硫磷为代表。它们都有一个共同点，如前文所述，它们的主要成分都是碳原子。碳原子也是生命世界必不可少的基本成分，这样它们就被归为“有机物”了。为要了解它们，我们必须弄明白它们是由什么物质制成的，以及它们是怎样转化成为致死药剂的。

基本元素碳是这样一种元素，它的原子几乎拥有无限的能力：能彼此相互组合成链状、环状及各种别的构形；还能与他种物质的分子联结起来。的确如此，各类生物——从细菌到蓝色的大鲸——有着超乎想象的多样性，也主要归功于碳的这种能力。如同脂肪、碳水化合物、酶、维生素的分子一样，复杂的蛋白质分子正是以碳原子为基础的。数量众多的非生物也是如此，因为碳不一定就是生命的象征。

某些有机化合物仅仅是碳与氢的化合物。这些化合物中最简单的就是甲烷，或者称为沼气，它是由在自然界中浸于水中的有机物细菌分解而成的。甲烷若以适当的比例与空气混合，就变成了煤矿内可怕的“爆炸气体”。它的结构美观而简单：由一个碳原子和四个氢原子组成。

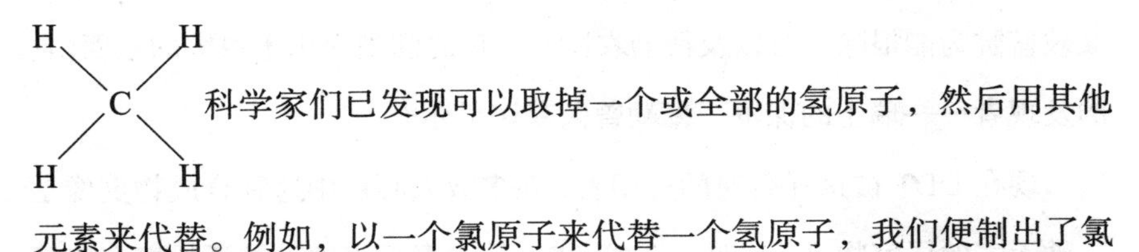

科学家们已发现可以取掉一个或全部的氢原子，然后用其他元素来代替。例如，以一个氯原子来代替一个氢原子，我们便制出了氯代甲烷

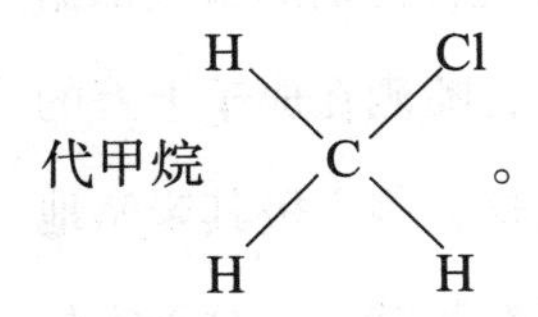

。

三个氢原子都用氯来代替，我们便得到了麻醉剂氯仿（三氯甲烷）

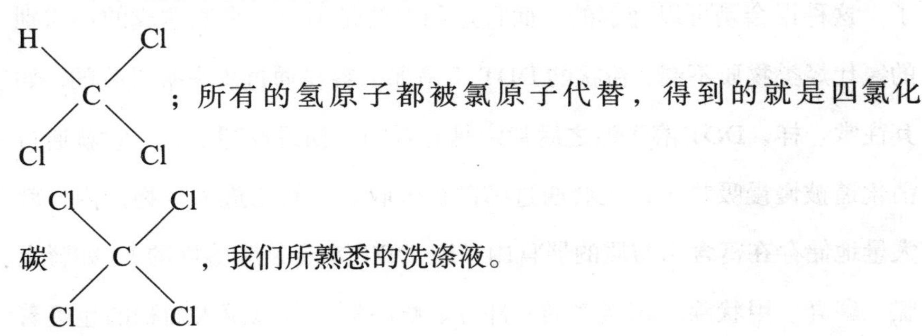

；所有的氢原子都被氯原子代替，得到的就是四氯化碳，我们所熟悉的洗涤液。

简而言之，环绕着基本甲烷分子的这些反复变化说明了究竟什么是氯代烃类。可是，这一简单说明远远不能解释清楚烃的化学世界的真正复杂性或有机化学家创造无穷变幻的物质。因为，除了只有一个碳原子的简单甲烷分子，他们还可以改变由许多碳原子组成的碳水化合物分子。它们排列成环状或链状（带有侧链或者支链），而紧附着这些侧链、支链的又不仅仅是简单的氢原子或氯原子，还可能是多种多样的化学基因。只要有微小的变化，物质的整个特性也改变了。例如，不仅碳原子上附着的元素是什么极为重要，而且附着的位置也是至关重要的。这样的操控已产生了大量的具有非凡杀伤力的毒药。

DDT（二氯二苯三氯乙烷的简称）1874 年第一次由一位德国化学家合成，直到 1939 年，它作为一种杀虫剂的特性才被发现。紧接着 DDT 又被盛赞为能根除害虫以及帮助农民在一夜之间消灭田禾虫害的东西。它的发现者——瑞士的保罗·穆勒曾荣获诺贝尔奖。

现在 DDT 被这样普遍的应用着，在多数人心目中这种合成物更像是一种无害的居家物品。也许，造成 DDT 是无毒无害这种神话的事实依据是：它最开始的使用方法之一是战时为了消灭虱子，喷洒在成千上万的战士、难民和俘虏身上。人们普遍这样认为：既然这么多人极其亲密地与 DDT 接触过，并且并未直接遭受危害，那么这种药物就一定是无害的了。这种误会是可以理解的，而且这种误会是由以下事实造成的：与别的氯代烃类物质不同，粉状的 DDT 不是那么容易通过皮肤被吸收的。如其往常一样，DDT 溶于油之后肯定是有毒的。如果吞咽下去，它就通过消化道被慢慢吸收了，还会通过肺部被吸收。一旦它进入生物体内，就大量地储存在富含脂肪质的器官内（因 DDT 本身是脂溶性的），如肾上腺、睾丸、甲状腺，相当多的一部分贮藏在肝、肾以及大面积的包裹着肠子的有保护作用的肠系膜内。

DDT 的这种储存过程是从可接受的最小吸入量开始（它残存在多数的食物中），直到达到相当高的含量时才停止。这些具有生物放大器的作用，以致食物中千万分之一的摄入量能在体内累积到百万分之十到十五的含量，增加了一百多倍，对化学家或药物学家来说，这些数据是平平常常的，但我们多数人却不了解。百万分之一，听起来貌似非常微小的量，而且确实也是这样，但是这样的物质的作用力却如此巨大，微小的量就能引起体内的巨大变化。在动物实验中，百万分之三的药量能阻止心肌里一个基本的酶的活动；仅百万分之五的药量就能引起肝细胞的坏死和瓦解；仅百万分之二点五的、与 DDT 极相近的狄氏剂和氯丹也能起到同样的效果。

其实这并不稀奇。正常的人体中，这种微小的原因也能引起严重的后果。比如，少到一克的万分之二的如此微量的碘就能造成健康与疾病的差别。因为这些微量的杀虫剂可以一点一点地储存起来，可只能缓慢地排泄出去，所以它对肝脏与其他器官带来的慢性中毒及退化病变的威胁是非常真实的。

对于人体内到底能够储存多少 DDT，科学家们尚未达成一致。食品与药物部的药物学主任阿诺德·雷曼博士说："既没有一个下限——低于这个下限 DDT 就不会被吸收了，也没有一个上限——超过这个上限，DDT 就不再被吸收和储存。"另一方面，美国公共卫生处的威兰德·海斯博士却极力辩解：每个人体内有一个平衡点，超于这个量的 DDT 就被排泄出来了。就现实而言，这两个人的观点哪个正确并不很重要。我们对 DDT 在人体中的贮存已进行了详细调查，我们已知道一般正常人体内的贮存量已达到了具有潜在危害的程度。根据种种研究结果来看，没有直接接触（不可避免的饮食除外）的个人，平均贮存量为百万分之五点三到百万分之七点四；农业工人为百万分之十七点一；而杀虫药工厂的工人竟高达百万分之六百四十八；这些已能证实的储存的范围是相当广泛的；而且尤为重要的是，这里最小的数字也在可能开始损害肝脏及别的器官或组织的标准之上。

DDT 及其同类的化学药剂的最危险的特性之一是它们通过食物链上的所有环节从一个有机体传递到另一个有机体。比方说，人们在苜蓿地里洒了 DDT 粉剂，然后把这样的苜蓿作为饲料喂鸡，这样饲养出来的鸡所生的蛋里就含有 DDT 了。或者以干草为例，它含有百万分之七至百万分之八的残留的 DDT，人们可能用这样的干草来喂奶牛，这样的奶牛的牛奶里 DDT 的含量达到了大约百万分之三，而用此牛奶制成的黄油里 DDT 的含量就会增加到百万分之六十五。通过这样的转移进程，DDT 的含量本来极少，后来经过浓缩，逐渐提高。食品与药物部不允许州际商业装运的牛奶含有杀虫剂残毒，但事实是，现在的农民发现很难给奶牛找到未受污染的草作饲料。

毒素还可能由母亲传到子女身上。在对人类母乳进行的实验中，粮药部的科学家们已在母乳中发现了残余的杀虫剂。这就意味着那些母乳哺养的婴儿的体内不仅有自己体内积累下来的毒素，而且还不断地接收着微量的毒素供应。然而，这绝不是婴儿人生中第一次的中毒大冒险，我们有充足的理由相信，这种危险当婴儿还在母亲子宫里的时候就已经经历过了。在对动物进行实验时，人们发现，氯代烃药物能自由地穿过胎盘——母体内使胚胎与有害物质隔离的防护罩这一关。尽管婴儿对这些毒素的吸收量常常很小，但是并不影响它们对婴儿造成伤害，因为婴儿对毒素要比成人敏感得多。这种情况还意味着：普通人从生命的开始就要担负与日俱增的不断蓄积的有毒药物的负担。

所有这些事实——有害药物的残留甚至是低标准的残留，随后的积聚；以及各种程度的肝脏受损促使食品与药物管理局的科学家们早在1950年就宣布“DDT 的潜在危险性很可能一直被低估了”。医学史上还没有出现过类似的情况，也无人知晓它的结果最终会怎样。

氯丹——另一种氯代烃，除了具有 DDT 所有这些令人讨厌的特性，还拥有几种它自身独特的属性。它的残留物能长久地存在于土壤里、在食物中，或可能使用过的物体的表面。它想方设法通过一切途径进入人体——它能通过皮肤被吸收，可以作为喷雾或粉屑的形态被人体吸入；如果不小心将它吞食了，那么理所当然的，它就在消化道被吸收了。就和所有其他种类的氯代烃一样，氯丹的沉积物会在生物体内日积月累地积淀下来。如果一种食物含有百万分之二点五少量的氯丹，最终实验动物脂肪内的氯丹贮量将会增至百万分之七十五。

1950年，雷曼博士这么有经验的药物学家曾这样描述过氯丹：“这是杀虫剂中毒性最强的药物之一，任何接触过它的人都会中毒。”郊区居民并没有对这个警示上心，他们竟肆无忌惮地将氯丹随便兑入整理草坪的粉剂中。当时这些郊区居民并没有立刻发病，看起来问题好像并不严重，但是药物毒性可以长期潜伏在人体体内，经过数月或数年以后才毫无征兆地表现出来，到那时就不太可能查出患病的真正起因了。不过有些时候，死神也会凶猛迅速地降临。曾有一位受害者，不小心把一种工业溶液洒到皮肤上，四十分钟内中毒的症状就显现了出来，医生还未来得及给他进行急救，他就死去了。这种中毒症状爆发得很突然，是不可能提前通知医护人员准备好的。

氯丹的成分的一种——七氯，作为一种独立的制剂在市场上销售。它具有在脂肪里储存的特殊能力。如果食物中的含量仅有千万分之一，那么在体内就会出现一定剂量的七氯了。此外，它还有一种神奇的本领，能转变为一种具有不同化学性质的物质——环氧七氯。它在土壤里以及植物、动物的组织内都能发生这种变化。对鸟类进行的试验证明了由这一变化结果而来的环氧比原来的药物毒性更强，而原来药物的毒性已是氯丹的四倍。

早在 20 世纪 30 年代中期，一种特殊的烃——氯化萘被发现了，它会使在工作中接触到它的人患上肝炎，也会使他们患上罕见的、几乎无法医治的肝病。它们导致了电力工人得病和死亡；而且在最近，它们被认为是引起牛畜所患的一种神秘的、常常会导致死亡的疾病的根源。鉴于这些先例，与这组烃有关系的三种杀虫剂都是所有烃类化合物中毒性最强的药物也就不足为怪了。这些杀虫剂就是狄氏剂、艾氏剂以及异狄氏剂。

当把狄氏剂（为纪念德国化学家狄尔斯而命名的）吞下去时，其毒性约为 DDT 的五倍，但当它的溶液通过皮肤被吸收之后，毒性就相当于 DDT 的四十倍了。它因使受害者快速发病和使患者发生对神经系统可怕的惊厥而臭名昭著。狄氏剂中毒的人的身体恢复过程极为缓慢，这足以证明它会导致漫长无期的慢性毒性。和其他氯代烃一样，这些长期危害会严重损伤肝脏。因为狄氏剂的残余物的毒性持续时间长并具有杀虫的作用，所以目前它是应用最为广泛的杀虫剂之一，人们并未考虑到使用它后的恶劣后果——恐怖地毁灭了野生动物。从对鹌鹑和野鸡进行的实验中可以得知它的毒性约为 DDT 的四十至五十倍。

我们对于狄氏剂如何在体内储存或它是如何分布或它是如何被排泄出去的这些问题知之甚少，因为科学家们在发明杀虫剂方面的聪明才智和丰富知识早就超过了有关这些化学毒剂如何伤害活的生物体的生物知识。然而，种种迹象表明，这些毒药长期残留在人类体内，犹如一座休眠的火山那样潜伏着，等着人体积累足够的脂肪而产生生理压力时，才突然爆发。我们真正懂得的许多东西都是在世界卫生组织开展的抗疟运动的艰辛历程中学到的。在疟疾防治工作中，狄氏剂取代了 DDT（因为带有疟疾的蚊子已对 DDT 有了抗药性），喷药人员的中毒事件就开始出现了。病人中毒之后，发病症状剧烈，一半甚至全部的患者发生了痉挛，甚至有数人死亡。有些人在中毒之后的四个月后才发生了惊厥。

艾氏剂是多少带点神秘感的物质，因为它虽然作为一种独立的个体而存在，却与狄氏剂有着亲密的关系。当你把胡萝卜从一块用艾氏剂处理过的苗圃里拔出来之后，发现它们含有残余的狄氏剂。这种变化发生在活的机体组织内，也发生在土壤里。这种神奇的转化已导致许多错误报道的产生，因为如果一个化学家知道某些作物已被使用了艾氏剂，要来检测它是否还有残余时就会上当受骗，他会误认为艾氏剂的残毒已经全部消失了，而事实是，残毒依旧存在，只不过它已是狄氏剂，这需要通过做不同的实验就能得以验证。

和狄氏剂一样，艾氏剂也是剧毒的。它能引发导致肝脏和肾脏退化的病变，如同一片阿司匹林药片的剂量就足以杀死四百多只鹌鹑。许多人类中毒的案例已经出现了，其中大多数与工业处理有关。

与许多同类杀虫剂一样，艾氏剂给未来投下了危险的阴影——不孕症。给野鸡喂食微量的艾氏剂，不能毒死它们，但是野鸡只能下很少几个蛋，而且由这几个蛋孵出的小鸡很快就会死去。这种影响并不仅仅发生在禽类身上。被艾氏剂毒害过的老鼠的受孕率也减少了，并且它们所生的小老鼠也是病恹恹的，存活时间也不长。被艾氏剂毒害过的母狗生的小狗出生三天就死了。新的生命总是因为母体这样或那样的中毒原因遭遇不幸。没有人知道这种事情、这种影响会不会也同样出现在人类中。但无论怎样，这些药物已由飞机托运着被喷洒在城郊和农田了。

异狄氏剂是所有氯代烃药物中毒性最强的。尽管它的化学性质与狄氏剂相当密切，但其分子结构的细微变化导致它的毒性变成了狄氏剂的五倍。在异狄氏剂的陪衬之下，所有此组杀虫剂的鼻祖——DDT 相比之下反而让人觉得几乎是无毒的了。对于哺乳动物来说，它的毒性是 DDT 时的十五倍；对于鱼类来说，是 DDT 时的三十倍；而对于一些鸟类来说，则大约是 DDT 时的三百倍。

在异狄氏剂被使用的十年间，它已经毒死了大量的鱼，毒杀了误闯入喷洒了此药的果园的牛畜，并污染了井水。因此，至少曾有过一个州卫生部进行过严厉警告——草率的使用异狄氏剂的行为正在危害着人类的生命。

在一起最为悲惨的异狄氏剂中毒事件中，没有什么明显的疏忽之处，因为一些表面上的预防措施已被采用了。一对父母带着刚满周岁的美国小孩到委内瑞拉定居，他们在新搬入的房子里发现了蟑螂，几天后为了消灭蟑螂，他们用含有异狄氏剂的杀虫剂喷洒了房间。他们在早上九点钟左右的时候开始在房间喷洒药物，婴儿和家里的小狗都被带到了房子外面。在喷完药后，地板也被擦洗干净了。婴儿和小狗在下午的时候回到了屋里。过了一个小时左右，小狗开始呕吐、惊厥，然后死去了。就在当天晚上十点钟的时候，这个婴儿也开始呕吐、惊厥并失去了知觉。自从进行过这次危及性命的与异狄氏剂的接触之后，这个健康强壮的婴儿变得就像一个木头人一样，他看不见，听不见，动不动就会肌肉痉挛；显而易见，他已经与外界环境彻底隔绝了。经过纽约一家医院的数月治疗之后，这种情况也并未好转，并且也没有任何好转的希望。主治医生报告说："极难预料到能否有任何程度的康复。"

第二大类杀虫剂——烷基和有机磷酸盐，属于世界上最毒药物的行列。使用这类杀虫剂最重要、最明显的危害是：它会导致那些使用喷雾药剂的人，或者接触了随风飘散的药物，或者接触了表面覆盖着这种杀虫剂的植物或是接触了已被丢掉的、曾经装过这种杀虫剂容器的人急性中毒。在佛罗里达州，两个小孩用随意发现的一个空袋子来修秋千，不久之后，两个孩子都死了，而他们的其他三个小伙伴也患病了。这个袋子曾经装过一种名为对硫磷的杀虫剂，这是一种有机磷酸盐；试验已经证明了两个孩子的死亡是由对硫磷中毒导致的。还有一次，威斯康星州的堂兄弟俩，一个在院子里玩耍，当时他的父亲正在给马铃薯喷洒对硫磷，药物从旁边的田地里随风飘到了院子里；另一个孩子欢快地跑到了田里，并且把手在喷洒器具的喷嘴上放了一会儿，他们都中毒了，两个孩子就在同一天晚上死去。

这些杀虫剂的来历都有些许讽刺意义。虽然一些药物本身——有机磷酸酯——的性质已被知晓多年，但它们的杀虫特性却直到二十世纪三十年代末期才被一位名为格哈德·施拉德的德国化学家发现。德国政府差不多当即就肯定了这些同类药物的价值——把它们运用于研制人类对人类的战争中新的、毁灭性的武器，并且研制这些药物的工作也是秘密进行的。有些药物就被用于制作致命的神经错乱性毒气，有些有亲密的同属结构的药物被制成了杀虫剂。

有机磷杀虫剂以一种奇特的方式对活的机体起作用。它们有能力毁坏在体内起着必要的功能作用的酶。此类杀虫剂的目标是损害神经系统，而且不管它的目标受害者是昆虫或热血动物。正常情况之下，神经脉冲借助名为乙酰胆碱的“化学传导物”在一条条神经间传递；乙酰胆碱在履行了必要的功能后就消失了。这种物质的存在和消失是如此的转瞬即逝，在没有特殊处理办法的条件下，连医学研究人员也不能在它在人体体内毁掉之前取样做试验。这种传导物质的短促性是身体的正常机能所要求的。如果当一次神经脉冲通过后，这种乙酰胆碱不立即被毁掉，脉冲就会继续沿着一根根神经掠过，而此时这种物质就会以空前强大的力量发挥其作用，使整个身体的运动变得不协调——颤抖、肌肉痉挛、抽搐以至死亡。

身体已对这种偶发性做好了应对的准备。每当身体不再需要传导物质时，一种名为胆碱酯酶的保护性酶就会立刻将它消灭。身体通过这种方式得到了一种精确的调节办法，所以体内乙酰胆碱的集聚从未达到危险的地步。可是，保护酶一旦与有机磷杀虫剂接触，就被破坏了。而且当这种酶的含量减少时，传导物质的含量就会积累起来。在这方面，有机磷化合物同有毒的生物碱——蝇蕈碱相似，这种物质是人们在一种有毒的蘑菇——飞毒里发现的。

频繁接触会降低胆碱酯酶的含量，直到濒临急性中毒的边缘。如果这时再多一点点轻微的接触就可能导致中毒。基于这个原因，对喷洒化学药物的人以及经常遭受中毒威胁的人定期进行血液检测是相当重要的。

对硫磷是用途最广泛的有机磷酸盐之一。它也是药性最强、最危险的药物之一。蜜蜂一旦与之接触就立刻变得“狂躁的骚动和好斗”，发疯似的做出搔挠动作并在半小时之内就近乎死亡了。有位化学家，他试图以最直接的手段获取它对人类来说算是剧毒的剂量，于是他就吞下了极其微量的药物，约等于 0.00424 盎司。他立刻被突如其来的、迅猛的瘫痪袭击了，甚至连事先备在旁边的解毒药也未能来得及吞下去，他就死了。

据说现在在芬兰，对硫磷是人们最满意的用来自杀的毒药。近年来，有报道称，加利福尼亚州平均每年发生200多件对硫磷的意外中毒事故。在世界许多地方，对硫磷中毒的死亡率是令人震惊的：1958年在印度有100件致命的病例；叙利亚有67件致死的案例；在日本，每年平均有336人中毒致死。

可是现如今，7，000，000磅左右的对硫磷通过人工操作的喷雾器、电动鼓风机、撒粉机甚至是飞机被随意喷洒到美国的农田或菜园里。按照一位医学权威人士的说法，人们仅仅在加利福尼亚的农场里所使用的药量就能“提供给全世界人口5至10倍的人口足以致命的剂量。”

在少数情况下，我们也能避免遭受这一化学药物的毒害，其中一个原因就是对硫磷及其他同类化学物质会快速分解，所以与氯代烃相比，它们的毒性在庄稼上残留的时间是相对短暂的。尽管如此，它们残存的时间足以带来只有严重或是致命中毒才能带来的各种各样的毒害。在加利福尼亚的河滨，摘橘子的三十个工人中有十一个人感染了重病，有十个人不得不住院治疗。他们的病症是典型的对硫磷中毒。大约在两周半之前，人们曾用对硫磷喷洒过这片橘林，这说明对硫磷的残毒已经存在了十六至十九天了。橘林上残余的毒物使得那些采摘橘子的工人陷入干呕、半瞎、半昏迷的痛苦之中。而这个数字绝对不是它可持续时间的最高纪录。早在一个月之前，被喷洒过药物的橘林也发生了类似的事故，而且在按照标准处理过六个月之后，橘子的表面还发现了药物的残余。

因为那些在田野、果园、葡萄园里施用有机磷杀虫剂的全体工人受到的极度危害已促使使用这些药物的一些州开始建立实验室，在这些实验室里，医生可以对中毒的患者进行诊治，病人还可以得到医疗方面的救助。其实，医生自身也处于一定的危险之中，除非他们在每次接触中毒患者时都戴上了橡皮手套，做好了防护措施。甚至是清洗中毒患者衣物的那些洗衣女工也处于同样的危险之中，因为，这些衣服上有可能沾染着足以对他造成伤害的对硫磷。

马拉息昂是另一种有机磷酸盐，被公众所熟悉的程度和DDT差不多。园艺工厂广泛使用这种化学物质，并且人们还常常用它来杀虫、灭蚊以及对昆虫进行大规模的屠杀。比如在佛罗里达州的一些社区，人们为了消灭一种地中海果蝇，用它喷洒了近百万英亩的土地。人们认为马拉硫磷是此类药物中毒性最小的，因此许多人就臆断马拉息昂可以随意使用，并且毫无危害了。商业广告也在宣扬这种令人感到宽心的想法。

直到这种药物已被认为“无毒”的使用多年之后，人们才发现，这种认为马拉息昂是“安全”的臆断是建立在相当危险的基础上的。马拉息昂所谓的“安全”仅仅是因为哺乳动物的肝脏这种对人体有着非凡保护能力的器官能够产生一种酶来化解它的毒性，使它表现得相对无害罢了。如果有什么东西毁坏了这种酶或者阻挠了它起作用，那么，被马拉息昂毒害的人就要接受它的火力全开的进攻了。

不幸的是，这种事件经常发生。好几年前，有一组食品与药物管理部的科学家们发现：当把马拉息昂与某种别的有机磷酸盐同时使用时，严重的中毒现象就出现了，毒性是两种物质毒性相加的50倍。换言之，每一种物质的致死量各取1%相结合，就会产生致命的毒性。

这一发现促使人们对其他化合作用的研究。现在我们已经知道，通过混合作用，毒性增大或强化了。一种化合物破坏了为另一种化合物解毒的酶之后，毒性就增强了。两种化合物不一定非要同时出现。这周使用了一种杀虫剂而下周使用另一种杀虫剂的人就会有中毒的危险；食用过喷洒过农药的农产品的顾客也有中毒的危险。普通的凉菜里会很容易出现两种有机磷酸盐杀虫剂；在法定的许可量之内的残毒也会发生反应。

对于这种化学药物相对作用产生的危害目前我们知之甚少，但是这些令人震惊和困扰的新发现总是经常从科学实验室涌现出来。其中一个发现就是：一种磷酸盐的毒性可由第二种药剂（它不一定是杀虫剂）来增强。比如，一种增塑剂在可能使马拉息昂变得更危险方面比杀虫剂更厉害。同样是因为它抑制了肝脏中酶的作用——在正常情况下，这种酶能把杀虫剂的“毒牙”拔掉。

那么，在正常的人类环境中，其他化学制品又是怎样呢？特别是医药物的情况是怎样的呢？关于这方面所做的研究刚刚起步；但是已经知道某些有机磷酸盐（对硫磷和马拉息昂）能增强某些用作肌肉松弛剂的医药品的毒性，还有几种别的有机磷酸盐（还是包括马拉息昂）能显著延长巴比妥酸盐的休眠时间。

希腊神话中的女子美迪亚，因被情敌夺走了丈夫伊阿宋而勃然大怒，赠予了情敌一条施过魔法的长袍。新娘穿上这件长袍后立即暴毙。现在，这种间接致死找到了自己的对应物——“内吸杀虫剂”。这种具有非凡性能的化学药物可以把植物或动物变成美迪亚的长袍——让它们变成有毒的。这样做的目的是：杀死那些可能与它们接触的昆虫，特别是当它们吮吸植物之汁液或动物之血液时。

内吸杀虫剂的世界是一个超乎人类想象的奇特世界，它超出了格林兄弟的想象力，或许能与查理·亚当斯的漫画世界并驾齐驱。它是这样一个世界：在这里，童话世界中充满魅力的森林已变成了有毒的森林——昆虫每咀嚼一片树叶或吮吸一口植物的津液都注定会遭遇死亡。它是这样一个世界：在这里，被跳蚤叮咬的狗会死去，因为狗的血液里已经有毒了；这里的昆虫会死于它从未接触过的植物散发出来的气息；这里的蜜蜂会将有毒的花蜜带回蜂房，结果一定是酿出有毒的蜂蜜来。

昆虫学家的关于内部自生杀虫剂的梦想终于得到了证实，这是在应用昆虫学领域工作的人们意识到的，他们可以从大自然那儿获得一点灵感：他们发现在含有硒酸钠的土壤里生长的麦子曾免遭蚜虫及红蜘蛛的袭击。硒——一种自然生成的元素，在世界许多地方的岩石及土壤里均能发现少量的这种元素，这就成了第一种内吸杀虫剂。

能渗透到一株植物或一个动物的全部组织内并使之中毒是使得一种杀虫剂成为内吸药物的能力。这一属性为氯代烃类的某些药物和有机磷类的其他一些药物所拥有；这些药物大部分是用人工合成法生产出来的，也有由一定的自然生成物所产生的。然而，在实际应用中，多数内吸杀虫药物是从有机磷类提取出来的，因为药物残毒的问题相对而言不是那么严重。

内吸杀虫药还会以别的迂回方式发生作用。通过浸泡或与碳混合而涂上的一层包衣，它们就能把效用扩展到植物后代体内，且长出对蚜虫及其他吮吸类昆虫有毒的幼苗来。一些蔬菜如豌豆、菜豆、甜菜就是这样受到保护的。在加利福尼亚州，外面覆盖着一层内吸杀虫剂的棉籽已被使用一段时间了。1959 年，在这个州，曾有 25 个农场工人在圣华金河谷植棉时突然发病，因为他们手里拿着处理过种子的袋子。

在英格兰，曾有人想知道当蜜蜂从被内吸药剂处理过的植物上采集花蜜后会发生什么事情。为此，人们曾在以一种被八甲磷的药物处理过的地区进行过调查。虽然那些植物是在开花之前被喷洒过药物的，但后来产的花蜜中却含有此种毒物。结果呢，如所预想到的一样，由这些蜜蜂酿的蜜也是被八甲磷污染了的。

人们主要在控制牛皮蝇蛆方面使用动物的内吸毒剂。牛皮蝇蛆是牲畜身上的一种破坏性寄生虫。为了在宿主的血液及组织里发挥杀虫效果又不产生致命的毒性，必须十分小心使用。这个平衡关系是很微妙的，政府的兽医先生们已经发现：频繁的小剂量用药也能逐渐耗尽一个动物体内的保护性——酶胆碱酯酶的供应量；因此，如果没有事前的警告，那么稍稍多加一点点微小的剂量便会引起中毒。

许多明显而有力的迹象表明，与我们日常生活更为密切的新领域正在开拓出来。你可以给你的狗一粒药丸，据称此药能使它的血含毒从而除去身上的跳蚤。喂对牲畜的处理中发现的危险情况大概也会出现在狗的身上。到目前为止，还没有人提过研制人类内吸剂来对付蚊子的建议——使我们体内含毒从而消灭蚊子，也许这就是下一步会发生的事情了。

到目前为止，本章中我们一直在研究讨论人们在对昆虫的战争中所使用的致命药物，与此同时，我们在对杂草的战争中又是怎样的呢？

为了寻求一种快速简单的消灭我们不需要的草木的方法，我们生产了一大堆并不断增加着的化学药物，它们被通称为除莠剂，或者被不太正式的称为除草药。有关这些药物如何被使用以及如何被误用，我们将在第六章里讲到，而现在我们在这里要讨论的问题是，这些除草剂是否有毒，以及使用它们是否对环境造成了污染。

有关除草剂仅对草本植物有毒而人畜无害的传说四处传播，可惜真相并非如此。这些除草剂包括了各种各样、种类繁多的化学药物，它们不仅对植物有效而且对动物的组织也有效。这些药物对有机体的影响方式差别很大，有些是一般性的毒药；有些是新陈代谢的特效刺激剂，会导致体温致命地升高；有的药物（单独地或与别种药物一起）导致恶性肿瘤；有些则损伤生物种属的遗传质、引起基因突变。这样看来，除草剂如同杀虫剂一样，包含着一些十分危险的化学药物，如果误以为它们是“安全的”而胡乱使用这些药物可能导致灾难性的后果。

虽然从实验室不断涌现出新的药物争奇斗艳，但是含砷化合物仍然被大规模的使用着，它既被作为杀虫剂（如前所述），也被用作除草剂——此处它们常常以亚砷酸钠的化学形式存在。使用它的历史是令人难以释怀的：它作为路旁除草剂已使无数农民痛失奶牛，而且还杀死了无数的野生动物；它作为湖泊、水库的水中除草剂已使公共水域的水源不宜饮用，甚至不宜游泳了；它作为在马铃薯田里消灭藤蔓的喷雾药剂已使人类以及其他物种付出了生命的代价。

大约在1951年，英国开始在种植马铃薯的土地上使用含砷农药——因为以前用来烧掉马铃薯藤蔓的硫磺酸短缺了。农业部曾认为有必要对那些试图进入喷洒过含砷剂的农田的人或动物发出危险警告，可是这种警告牛畜是听不懂的，而且野兽和鸟类也是听不懂的，所以常常有牛畜对含砷喷剂中毒的消息传来。因为喝了砷污染了的水，死神也降临到一位农妇头上，所以在1959年，一家重要的英国化学公司停止生产含砷喷雾剂，并且将已在商贩那里的药物回收。之后不久，农业部宣布：因为亚砷酸盐极大威胁了人和牛畜的生命，将限制亚砷酸盐的使用。在1961年，澳大利亚政府也颁布了类似的禁令。然而，在美国却没有类似的禁令来阻止这些化学毒品的使用。

某些“二硝基”化合物也被用作除草剂。它们被定为美国现用的同类型物质中最危险的一种。二硝基酚是一种强烈的代谢兴奋剂，因此它曾一度被用作减肥药，可是减肥需要的剂量与能够引起中毒或致死的剂量却仅是一线之隔，它们之间的差别是如此细微以至于这种减肥药导致了几人身亡，还有许多人遭受了永久的伤害。

有一种同属的药物——五氯苯酚，也是既作杀虫剂，也作除草剂的，人们经常将它喷洒在铁路沿线及荒芜地区。从细菌到人体，五氯苯酚对于各种各样的有机体的伤害是极强的。二硝基药物一样，它干扰着，往往是致命地干扰着体内能量的来源，导致受害的生物几乎耗尽了自己的生命。在加利福尼亚州的卫生局最近通报的致命惨案中，它那令人恐惧的毒性得到了具体证明。有一位油罐汽车司机把柴油与五氯苯酚混合在一起，配制成了一种棉花落叶剂。当他从油桶中抽出这种浓缩化学品时，塞子意外地掉了下去。他就赤手把塞子捡了回来。尽管他立刻就将手洗干净了，但还是得了急病，第二天就死去了。

使用一些除草剂——诸如亚砷酸钠或者酚类药物——的恶劣后果都昭然若揭了，而另外一些除草剂的效用却是深深的潜伏着的，它们看起来好像是好的、无害的。比如，当今著名的蔓越橘除草剂氨基三唑，被定性为相对毒性较轻的药物。但是，从长远来看，它有可能引发甲状腺恶性肿瘤，与野生动物甚至人类自身的关系更为密切。

除草剂中还有一些药物被划为“致变物”，或曰能够改变基因——遗传物质的作用剂。辐射对遗传造成的影响令我们大为惊叹，那么，对于在我们周围环境中广泛存在的化学药物的同等作用，我们怎么又能够熟视无睹呢？

四　地表水和地下海

在我们所拥有的所有自然资源中，水已是异常珍贵的一种资源，地球表面的大部分都是被无边无际的大海覆盖着的，尽管如此，面对这一片片汪洋大海我们却依旧对水感到紧缺。这看起来相当矛盾，其实是因为地球上的大部分水中都含有大量的海盐，这使得它们不适于在农业、工业中使用以及人类使用，世界上大量的人口正在经历着或即将经历着淡水严重缺乏的困扰。人类忘记了自己的起源，又无视水是维持人类生存的最基本的需要，所以水和其他资源一样，成为人类蔑视一切的受害者。

从人类生存环境遭受污染的整体角度，我们选取其中的一部分来了解杀虫剂对水的污染问题。进入水系统的污染物很多，有从反应堆、实验室和医院排放出的放射性残余物，有原子核爆炸后的残余物，有从城镇的家家户户丢出来的家庭垃圾，还有从工厂中排放出来的化学废物等等。现在，污染物的行列又添加了一个新成员，那就是喷洒在农田、果园、森林和田野里的化学药物的散落物。因为这些各种各样的化学物质内部之间存在一些危险的、鲜为人知的相互作用和促使毒性转换、叠加的效果，所以在这些各种各样的污染物的大混合中，许多化学药物重现甚至超过了放射性物质的危险程度。

从化学家们开始制造那些自然界前所未有的物质以来，对水进行净化的事情也变得复杂起来，对于那些使用水的人来说，危险正在不断加剧。如我们所知，这些化学合成物的大批量生产开始于二十世纪四十年代。现在的不断增产导致大量的化学污染物每时每刻都在往国内的河流里排放。当它们和家庭垃圾以及其他废物经过充分混杂后一起排入同一水源之后，用污水净化工厂通常使用的分析方法有时根本无法将这些化学物质检验出来，而且大多数化学药物非常稳定，采用一般的处理过程无法使其分解。更夸张的是，它们经常不能被辨认出来。真正不可思议的是，在河流中，这些各种各样的污染物相互作用产生了新的物质，而卫生工程师也只能失望地将这种新化合物称为"黏糊糊的东西"。马萨诸塞州工业技术学院的罗尔夫·伊莱亚森教授在议会委员会前做证时，认为目前是不可能预知这些化学药物的混合效果或辨识由它们产生的新有机物。伊莱亚森教授说："我们还没能开始知道那是些什么东西。我们也不知道，它们会对人类产生什么影响。"

目前，消灭昆虫、啮齿目动物或杂草的各种化学药物的频繁使用正不断促进着这些有机污染物的产生。其中有些化学药物是特意用于水体的，目的是为了消灭其中的植物、昆虫幼虫或杂鱼。有些有机污染物来自森林中的化学药物，人们有时在森林中喷洒可以保护一个州二三百万英亩土地免受虫灾的药品，这种喷雾或直接落入河流里，或穿过繁茂的树冠滴落在森林的地面上，就在那儿，它们通过融入缓缓流动着的渗流水开始流向大海的漫长旅程。大部分这些污染物可能是几百万磅农药的水溶性残毒，这些农药原本是用于对付昆虫和啮齿动物的，但是通过雨水，它们离开了地面，变成了世界水体的一部分。

在我们的河流里，甚至在公共用水的地方，这些化学药物显而易见的行踪随处可见。比如，人们在实验室里用从宾夕法尼亚州的一个果园区取来的饮用水的样品在鱼身上做试验，由于水样里含有很多的杀虫剂，所以仅仅在四个小时之内，所有作为实验对象的鱼都死了。即使灌溉过棉田的溪水经过了净化工厂的净化，溪水对鱼来说仍然是致命的，在亚拉巴马州田纳西河的十五条支流里，由于来自田野的水流曾接触过氯代烃毒物从而导致河里的鱼全部死亡，其中还有两条支流是供给城市用水的。在使用杀虫剂的一周后，放在河流下游的铁笼里的金鱼每天都在死去，这足以证明水依然是有毒的。

这种污染在绝大多数情况下是无形的和不易察觉的，只有当成百上千的鱼成群死亡时，人们才能知晓情况的严重，所以，在更多的情况下，这种污染根本就没人发现。到目前为止，保护水的纯洁性的化学家们并没有对这些有机污染物进行过定期检测，也没有办法清除它们。无论它们是否被发现，杀虫剂确实客观存在着。杀虫剂理所当然的和其他在地表上广泛使用的药物一起进入了几乎国内所有主要的河系。

如果谁对杀虫剂已经对我们的水体造成了普遍污染这个事实还有所怀疑，那么他真应该读读 1960 年由美国渔业及野生物服务处印发的一篇小报告。这个服务处已经对鱼是否会像温血动物一样在其体内中贮存杀虫剂这个问题进行了研究。第一批样品是从西部森林地区取回的，为了控制云杉树芽虫，人们在这个地区大面积喷洒了 DDT。正如调查者所料，所有的鱼体内都含有 DDT。后来调查者们对离一个喷药区最近的、大约三十英里远的一条小河湾进行对比调查，他们发现了一个有意思的情况：这个河湾是在第一批采样处的上游，并且它们之间还隔着一个落差很高的瀑布。据了解，这个地方并没有喷洒过 DDT，但这儿的鱼的体内仍然含有 DDT。这些化学药物是通过地下水抵达遥远的河湾呢还是像浮尘一样飘荡在空气中然后落在河湾里呢？在另一项对比调查中，一个产卵区的鱼的体内组织里仍然发现了 DDT，这里的水来自一个深井。同样，那里也没有洒过化学药物。看来，污染唯一可能的途径就是与地下水有关。

在整个水污染的问题中，再没有什么能比地下水的大面积污染更令人不安的了。无论在什么地方，在水里增加杀虫剂而不对水的纯净度产生坏影响都是不可能的。大自然很难封闭和隔绝地下水域；而且在水资源分配上也从未这样做过。降落在地面的雨水通过土壤、岩石里的小孔以及裂隙不断往下渗透，越来越深。直到最后，达到岩石的所有细孔里都充满了水的地方。那是一个从山下开始、到山谷沉没的黑暗的地下海洋。地下水总是在运动着，有时候速度很慢，一年也不超过五十英尺；有时候速度比较快，每天几乎流过十分之一英里。它通过看不见的水系在流动着，直到最后在某个地方以泉水的形式露出，或者可能被引至一口井里。但是大部分情况下它归入小溪或河流。除直接落入河流的雨水和地表流水外，现在所有地球表面流动的水在某一时期都曾是地下水。因此，一个非常真实和惊人的观点就是：地下水的污染也即是世界水体的污染。

由科罗拉多州某制造工厂排出的有毒化学药物必定会通过黑暗的地下海流向好几里外的农田区，在那儿，它们使井水变得有毒，使人类和牲畜病倒，使庄稼遭受毁坏——这样的事情发生第一次之后就会发生很多次。简单地说，它的过程是这样的：位于丹佛附近的一个化学兵团的落基山军需工厂 1943 年开始生产军用化学物资，这个化学军工厂的设备在八年以后租借给一个私人石油公司生产杀虫剂。然而，甚至生产还未开始之前，古怪的报告就传来了。距离工厂几里地的农民开始报告牲畜感染了兽医无法诊断的疾病，他们抱怨大片的庄稼被毁坏了，甚至完全死亡，树叶变黄了，植物也长不大，并且还有一些人感染疾病的消息传来。

灌溉这些农场的水是很浅的井水，1959年在由许多州和联邦管理处共同进行的一次研究中，在对这些井水化验时，发现里面含有化学药物的成分。在落基山军工厂运作期间，工厂排放出的氯化物、氯酸盐、磷酸盐、氟化物和砷流进了池塘里。显而易见，军工厂和农场之间的地下水已经被污染了，并且地下水带着毒素用了七八年的时间在地下流动了大约三英里的路程之后到达最近的一个农场。这种渗透在继续延伸，人们还没有查清到底有多大的范围遭受了污染。调查者们没有任何办法消灭这种污染或阻止它们继续延伸发展。

这一切已经非常糟糕了，但最令人感到惊奇和整个事件中最重要的事情是，调查者们在军工厂的池塘和一些井水里发现了能够杀死杂草的2，4-D。它的发现理所当然的足以说明为什么用这种水灌溉农田后会造成庄稼的死亡。但令人匪夷所思的是，这座兵工厂从未在任何工序中生产过这种2，4-D。

经过长期认真的研究，化学家们得出结论：2，4-D 是在开阔的池塘里自发合成的。没有任何化学家进行过人工干涉，它是由兵工厂排出的其他物质在空气、水和阳光的作用下合成的。这个池塘已变成了生产一种新药物的化学实验室，这种化学药物对接触过它的植物造成了致命的伤害。

科罗拉多农场及其庄稼遭受毁坏的故事具有普遍的重要意义。不只是科罗拉多州，其他任何受到化学污染的公共水域的状况又是怎样的呢？是否有相似的情况存在呢？在各个地方的湖泊和河流中，还有什么危险的东西在空气和阳光的催化作用下可以由标记着“无害”的化学药物产生呢？

现在的实际情况是，水的化学污染程度最令人震惊的是：在河流、湖泊或水库里，或是在你饭桌上的一杯水里都混入了化学家在实验室里从没想到要合成的化学药物。这种自由混合在一起的化学物之间相互作用能够产生物质的各种可能性给美国公众健康服务处的官员们带来了巨大的困扰，他们惧怕这么一个相当广泛存在的、从比较无毒的化学药物形成有毒物质的实际情况。这种情况可能发生在两个或者更多的化学物之间，也可能发生在化学物与数量不断增长的放射性垃圾之间。在游离射线的影响之下，使原子重新排列进而改变化学物质的性质是很容易的，这从而会引发不可预估的、难以控制的后果。

当然，不仅是地下水被污染了，地表流动的水，如小溪、河流、灌溉农田的水也都被污染了。设立在加利福尼亚州图利湖和下克拉玛斯湖的国家野生物保护区为上述情况提供了一个例证，这令人感到不安。这些保护区是跨越俄勒冈州边界的上克拉玛斯湖生物保护区体系的一部分。可能由于享用共同的水源，保护区内的一切都互相联系着，并都受到这样一个事实情况的影响：这些保护区被广阔的农田所包围，这些农田原先都是水鸟的乐园——沼泽地和水面，后来经过排水渠和小河疏干后才改造成农田的。

这些围绕着生物保护区的农田现在由上克拉玛斯湖的水来灌溉。这些水浇灌过农田后被积聚起来后又被抽进了图利湖，然后流到了下克拉玛斯湖，因此在这两个水域的野生物保护区的所有水中都有从农田排出的水。知晓这个事实对了解目前所发生的事情是很重要的。

1960年夏天，这些保护区的工作人员在图利湖和下克拉玛斯湖捡到了上百只死了的或者奄奄一息的鸟。这些鸟中的大部分是吃鱼的鸟：鹭、鹈鹕、和鸥。经过分析，发现这些鸟的体内含有与毒药DDD和DDE同类的杀虫剂残留物。湖里的鱼的体内也发现含有杀虫剂，浮游生物也未能幸免。保护区的管理人员认为灌溉过喷洒了大量杀虫剂的农田的水把这些杀虫剂的残余毒物带入了保护区，造成了保护区里河水中的杀虫剂残余逐日增多。

每一个打野鸭的猎人，每一个认为水中飘带划过夜空为美景的人都会本能的意识到自然保护区的水资源受到污染的严重后果。对于西部水鸟来说，这些特别的保护区有着关键的作用。它们像漏斗的细颈，所有的迁徙路线都在这儿汇集。当迁徙期到来的时候，这些生物保护区接受成百万只由白令海东部海岸飞往哈德逊湾东部的鸭和鹅；在秋天，四分之三的水鸟飞向东方，进入太平洋沿岸的国家。在夏天，生物保护区为水鸟，特别是为两种濒临绝灭的鸟类——红头啄木鸟和红鸭提供了栖息地。如果这些保护区的湖泊和水池被严重污染，那么远西水鸟的毁灭将是无法阻止的。

水支撑着一整条生命链，这个环链从像灰尘一样微小的浮游生物的绿色细胞开始，通过很小的水蚤进入噬食浮游生物的鱼的体内，而这些鱼又被其他的鱼、鸟、水貂、浣熊吃掉，这是一个从生命到生命的无穷无尽的物质循环过程。我们知道水中生物必需的矿物质也是这样从食物链的一环进入另一环。我们带入水里的毒素能不参与这样的自然循环吗？这是难以想象的。

问题的答案可以在加利福尼亚州的清水湖的历史中寻到，这是令人惊叹的历史。清水湖位于圣弗兰西斯科北边九十英里的山区，它一直有名的垂钓之地。清水湖这个名字对于此处来说名不副实——因为黑色的软泥覆盖了整个湖的浅底，所以这个湖实际是相当混浊的。对于渔夫和居住在沿岸的居民来说，不幸的是，湖水为一种很小的叮人小虫提供理想的繁殖地。虽然与蚊子有着密切关系，但这种幽蚊不是吸血虫，甚至完全不吃东西。尽管如此，那些生活在幽蚊繁殖地的居民们仍为虫子数量之巨大感到困扰。人们曾努力控制蚋虫，但大多失败了。直到二十世纪四十年代末期，当氯代烃杀虫剂成为新的武器时，人们才成功控制住了幽蚊。人类为发动新进攻所选择的化学药物是和 DDT 有密切联系的 DDD，这对鱼类的生命威胁明显要弱一些。

1949 年所采用的新控制措施是经过细致规划的，而且很少有人预料到会有什么恶果。人们勘察过这个湖泊，测定了它的容积，并且所用的杀虫剂是以一比七千万的高度比例在水中稀释的。药物对幽蚊的控制刚开始是成功的，但到了 1954 年，人们不得不再次在湖里放药，这次药物与水的比例是一比五千万，那次对幽蚊的消灭也认为是成功的。

随后，在冬季的几个月中，那里发出了其他生命受到影响的第一个信号：湖上的西方䴙䴘开始死亡，而且很快有报告说已有一百多只死了。清水湖的西方䴙䴘是一种营巢的鸟，被湖中多种多样的鱼类吸引，它也是清水湖冬季的造访者。在美国和加拿大西部的浅湖中建立漂流住所的䴙䴘是一种具有美丽外表和优雅习性的鸟。当它在湖面划过，泛起微波的时候，身体会低低浮出水面，而白色的颈部和黑亮的头部高高仰起，所以它被称为“天鹅䴙䴘”。它们孵出的小鸟长着浅褐色的软毛，在出生之后的仅仅几个小时内，它们就跳进水里，坐在爸爸妈妈的背上，舒舒服服地躺在爸爸妈妈翅膀上的羽毛中。

1957 年，对卷土重来恢复了原本数量的幽蚊进行了第三次打击。结果是更多的䴙䴘死掉了。如同 1954 年一样，人们在对死鸟的化验中没能发现传染病的证据。不过，当有人想到应该对䴙䴘的脂肪组织进行分析时，人们才发现死鸟体内有含量高达百万分之一千六百的 DDD 大量聚集。

应用到水里的 DDD 的最大浓度是百万分之零点零二，为什么化学药物能在鹈鹕体内达到如此高的含量？这些鸟的食物是鱼，当人们对清水湖的鱼也进行化验时，这样的画面逐步展开来：最小的生物吞食毒素后将之浓缩，又传递给更大的生物。浮游生物的组织中发现含有百万分之五浓度的杀虫剂（最大浓度达到水体本身的二十五倍）；以水生植物为食的鱼体内含有百万分之四十到百万分之三百的杀虫剂；食肉类的鱼储蓄的毒素量最大。一种褐色的大头鱼具有令人震惊的浓度——百万分之二千五百。这是民间传说中“杰克小屋”的故事的重演，在这个排序中，大的肉食动物吃了小的肉食动物，小的肉食动物吃掉草食动物，草食动物吃浮游生物，而浮游生物摄取了水中的毒物。

人们甚至在之后发现了更诡异的现象。在最后一次使用化学药物后的短暂时间内，人们在水中就已找不到 DDD 的痕迹了。毒物并没有真正从这个湖中消失，只不过它进入了湖中生物的组织里。在化学药物停用后的第二十三个月，浮游生物体内仍含有高达百万分之五点三如此高浓度的 DDD。在将近两年的时间里，浮游生物不断地开花和凋谢，虽然毒物在水里已不存在了，但不知为什么它依然在浮游生物中被一代一代地传下去。这种毒物同样还存在于湖中动物体内。在化学药物停止使用一年后，人们仍从所有的鱼、鸟和青蛙的体内检测出 DDD，而且检测出的 DDD 的总含量已超过最初水中浓度的很多倍。这些有生命的毒素携带者中有的在最后一次使用 DDD 九个月以后孵化出了鱼、鹈鹕和加利福尼亚鸥，它们已集聚了浓度超过百万分之二千的毒物。与此同时，营巢的鹈鹕鸟群从第一次使用杀虫剂时的一千多对减少到 1960 年时的大约三十对。而且这三十对也只是在白费力气，因为自从最后一次使用 DDD 之后，人们就再也没有看见小鹈鹕出现在湖面上。

这样看来，整个致毒的环链是以很微小的植物为基础的，这些植物始终是原始的浓缩者。这个食物链的终点在哪儿？对这些事件的过程还一无所知的人们可能已经准备好了钓具，准备从清水湖的水里捕到一大堆鱼，然后带回家用油煎了当作晚饭。一次大剂量的使用 DDD 或多次使用 DDD 会对人体产生什么影响呢？

虽然加利福尼亚州公众健康局宣布检查结果无害，但 1959 年该局还是命令停止在该湖中使用 DDD。从这种化学药物具有巨大生物学效能这个科学证据看来，这一行动只是最低限度的安全措施。DDD 的生理影响在杀虫剂中可能是独一无二的，因为它能毁坏肾上腺的一部分——毁坏了人尽皆知的肾脏附近的外部皮层上分泌荷尔蒙激素的细胞。1948 年，人们通过在狗身上进行实验发现了这种破坏性的影响，但人们以为这种影响只会在狗身上出现。因为在猴子、老鼠或兔子等实验动物身上没有表现出影响。DDD 在狗身上表现的症状与发生在人身上的阿狄森病的情况非常相似，这一情况看来是有参考价值的，最近医学研究已经表明，DDD 对人的肾上腺有很强的抑制作用。现在，DDD 的这种对细胞的破坏能力正在临床上被用来治疗一种罕见的肾上腺激增的癌症。

清水湖事件向公众提出了一个需要面对的现实问题：为了控制昆虫，使用对生理过程具有如此强烈影响的物质，特别是这种控制措施导致化学药物直接进入水体，这样做是否可取呢？毒物在湖体自然生物链中的爆发性递增已足以说明只允许使用低浓度杀虫剂这一规定是没有多大意义的。现在，一个明显的小问题的解决常常带来了另一个更加难以解决的大问题。这种事情很多，而且越来越多。清水湖就是这样一个典型的例子。蚊子的问题解决了，这对受蚋虫困扰的人来说虽然有好处，但殊不知这给所有在湖里捕鱼、用水的人带来了更大的危险，而且还无法追根溯源。

人类肆无忌惮地将毒物带入水库正在变成一件越来越寻常的事情，这是一个令人震惊的事实。其目的常常是为了娱乐作用，甚至之后要花钱使水资源恢复它本来的用途——饮用。某地区的运动员想在一个水库里"发展"渔业，他们说服了政府当局，为了消灭那些他们不需要的鱼类，他们把大量的毒物倾倒入水库，然后有运动员喜欢的鱼的种类孵化出来取代曾经的各种鱼类。这个过程非常奇怪，就像爱丽丝漫游仙境那样荒诞离奇。水库原本是公共水源，附近的乡镇可能还没来得及对运动员的这个计划商量一下就不得不既要去饮用含有毒素的水，还要用自己所缴纳的税款去消除毒素，而这绝非易事。

既然地下水和地表水都已被杀虫剂和其他化学药物所污染，那么就存在着一种危险——不仅有毒物质，致癌物质也正在进入公共水源。国家癌症研究所的 W. C. 休珀教授已经发出警告："在可预见的未来，由饮用水污染引发的癌症的危险将会大大增加。"实际上，二十世纪五十年代初在荷兰进行的一项研究已为使用污染的水会有致癌危险这一观点提供了证据。将河水作为饮用水的城市居民的癌症死亡率高于那些将井水这样不易被污染的水源作为饮用水的城市居民的癌症死亡率。已经明确能够致癌的物质砷已两次卷入因饮用水污染引发大量癌症的历史性事件中。其中一次事件中的砷来自矿山的矿渣堆，另一次事件中的砷来自含有高含量砷的岩石。大量使用含砷杀虫剂很容易导致上述事件再次发生。这些地区的土壤也变得有毒了。含砷的雨水进入小溪、河流和水库，同样也进入了无边无际的地下水的海洋。

在这里，我们再一次被提醒——自然界中没有任何孤立存在的东西。为了更清楚地了解我们世界是怎样正在被污染着的，现在，我们必须来看看地球的另一个基本资源——土壤。

五　土壤的王国

像补丁一样覆盖着大陆的土壤薄层掌控着我们人类和大地上各种动物的生杀予夺。就如我们所知道的那样，如果没有土壤，大地上的植物就不能生长，而没有植物，动物就无法生存下去。

如果说我们以农业为基础的生活依然依赖于土壤的话，那么同样真实的是，土壤也依赖于生命；土壤本身的起源及其所保持的天然特性都与活的动物、植物有亲密关系。因为，生命在一定程度上是土壤创造的，土壤生成于很久以前生物与非生物之间奇特的互相作用。当火山爆发喷发出炽热的岩浆，水流流过最坚硬的花岗岩将之磨平，冰霜严寒凿碎了岩石，原始的、形成土壤的物质开始累积。然后，生物开始创造它们的奇迹，一点一点地使这些毫无生气的物质变成了土壤。岩石的第一个覆盖物地衣利用自己的酸性分泌物促成了岩石的风化作用，从而为其他生命创造了栖息之地。地衣的碎屑、微小昆虫的外壳和海洋动物的残骸形成了原始土壤，而藓类就在这种原始土壤的微小缝隙中执着地生长着。

生命创造了土壤，多种多样的生命物质也生存于土壤之中，若不其然，土壤就会变得死气沉沉和一贫如洗。正是因为土壤中有无数的有机体以及它们的运作，土壤才能给大地披上绿色的外套。

土壤本身处于无止境的循环之中，这使它总是处于持续变化的状态。当岩石被风化时，当有机物腐烂时，当氮及其他气体随雨水降临时，新物质就不断被带入土壤中了。同时，另外一些物质离开了土壤，生物因短时的需求将这些物质带走借用了。微妙而极其重要的化学变化在这样的过程中不断发生着，在这个过程中，来自空气和水中的元素被转换为适宜植物利用的形式。活的有机体总是所有这些变化中的积极参与者。

探索到底有多少生物在黑暗的土壤王国中生存着是一个令人困惑而易被疏忽的研究。我们也只知道一点点有关土壤中有机体之间彼此制约的情况以及土壤中有机体与地下环境、地上环境之间彼此制约的情况。

土壤中最小的有机体可能也是最重要的有机体是那些肉眼看不见的细菌和线状真菌。它们的数量巨大，只有巨大的天文学的数据统计方式才能统计它们，一茶匙的表层土里能含有数十亿个细菌。即使这些细菌的形体微小，但在一英亩肥沃土壤的一英尺厚的表土中，细菌总重量可以达到一千磅之多。长得好似长线的放线菌数目比细菌稍少一些，但是因为它们形体较大，所以它们在一定数量土壤中的总重量仍和细菌不相上下。被我们称为藻类的微小绿色细胞体组成了土壤的极其微小的植物生命。

细菌、真菌和藻类是使动植物腐烂的主要原因，它们将动植物的残留物还原成了组成它们的无机质。假若没有这些微小的生物，碳、氮这些化学元素通过土壤、空气以及生物组织进行的庞大循环是无法继续的。例如，如果没有固氮细菌，哪怕植物被含氮的空气包围着，它们对于氮气的饥饿需求仍然很难满足。其他有机体产生了二氧化碳，并形成了碳酸，促进了岩石的分解。土壤中还有其他的微生物在促成多种多样的氧化和还原反应，通过这些反应，它们使铁、锰和硫黄这样一些矿物质发生转移，并变成能让植物吸收的状态。

另外，还有微小的螨类和被称为弹尾虫的、没有翅膀的原始昆虫在土壤中以令人惊叹的数量存在着。尽管它们很微小，却在消灭残枝落叶和促进森林地面物质慢慢转化为土壤的过程中起着重要作用。其中一些小生物所具有的特征几乎是令人难以置信的。例如，有几种螨类能够在落下的针枞树松针中开始生活，它们藏匿在那里，将针叶的内部组织消化。当螨虫完成了它们的任务后，针叶就只剩一个空外壳了。在处理大量的落叶植物的残枝落叶这个事情上，土壤里和森林地面上的一些小昆虫们进行着真正令人惊叹的工作。它们将树叶浸软和消化，并促进分解的物质与表层土壤混合在一起。

不仅只有这一大群非常微小但不断辛勤劳动着的生物，还有许多较大的生物也存在于土壤中，土壤中的生命包括从细菌到哺乳动物的全部生物。它们其中一些是黑暗地层中的永久居民，一些则在地下洞穴里冬眠来度过它们生命循环中的一个阶段，还有一些在自己的洞穴和上面的世界之间自由的来来往往。总而言之，土壤里这些居民的活动使得土壤中充满了空气，并促进了水分在整个植物生长层的流动、排出和渗透。

在土壤里所有大块头的居民中，可能没有什么比蚯蚓更重要的了。75年以前，查理斯·达尔文发表了题为《蠕虫活动对土壤的作用以及蠕虫习性观察》一书。在这本书里，达尔文使全世界第一次了解到蚯蚓作为一种地质运营力量在运输土壤方面的基本作用。这在我们眼前展现了这样一幅图景：地表岩石正逐渐地被蚯蚓从地下运出的肥沃土壤所覆盖，在情况最好的地区，蚯蚓每年搬运的土壤量可达每英亩数吨。与此同时，叶子和草中的大量有机物质（六个月中一平方码土地上产生二十磅之多）被拖入土壤中，并与土壤混合起来。达尔文的计算表明，蚯蚓的勤苦劳动可使得土壤层一寸一寸的加厚，并能在十年期间将原本的土层加厚一半。然而这仅仅是它们所做的一部分事情而已，它们的洞穴让土壤里充满空气，使土壤保持良好的排水条件，并促进植物的根系伸展。蚯蚓增强了土壤细菌的消化作用，并减少了土壤的腐败。有机体通过蚯蚓的消化管道被分解，土壤借助它们的排泄物变得更加肥沃。

土壤这个综合体是由一个交织的生命网组成，在这里，一件事物与另一件事物通过某些方式联系在一起。虽然生物依赖于土壤，但只有当生命综合体繁荣兴旺时，土壤才能成为地球的一个充满生机的部分。

我们从未对这样的一个有关问题给予足够的重视：无论是作为“消毒剂”被直接洒入土壤或是由雨水带来（当雨水穿过森林、果园和农田上茂密的枝叶时已受到致命污染，总而言之，当有毒的化学药物进入土壤居民的世界时，将有什么事情发生在这些数量庞大、极其有益的土壤生物身上呢？例如，假设我们能够用一种广谱杀虫剂来杀死穴居的、损害庄稼的害虫幼体，难道我们有充分理由设想与此同时，它也能不杀死那些有本领分解有机质的“好”虫子吗？或者说，我们使用一种非特殊性杀菌剂就能不伤害另外一些存在于许多树根中的帮助树木从土壤中吸收养分的真菌吗？

科学家们显然已经忽视土壤生态学这样一个极为重要的科研课题，而管理人员几乎无视这一问题。现在看来，人们对昆虫采用的化学控制手段一直是在这样一个假设基础上进行的——土壤能够默默忍受一切人们所施放的任何数量的有毒物质。土壤世界的天然本性已经无人问津了。

通过已进行的少量研究，有关杀虫剂对土壤所造成影响的情况正慢慢在我们面前揭开。这些研究结果不尽相同，但这并不奇怪，因为土壤的类型种类非常多，所以在一种类型土壤中能够导致伤害的因素在另一种土壤中可能是无害的。轻质沙土遭受的破坏就比腐殖土更为严重。化学药物的联合使用比单独使用危害大。且不谈这些结果的差异，有关化学药物的危害作用的充分可靠的证据正在慢慢积累，并使许多科学家感到不安。

在一些情况下，与生命世界息息相关的一些化学转化过程已受到影响。其中一个例子就是将大气氮转化为可供植物利用形态的硝化作用。除草剂 2,4-D 可以使硝化作用暂时中断。最近在佛罗里达州的几次实验中，将林丹、七氯和 BHC（六六六）在土壤中使用仅两星期后，土壤的硝化作用就被减弱了；六六六和 DDT 在使用后的一年中都有严重的毒害作用。在其他的实验中，六六六、艾氏剂、林丹、七氯和 DDD 全都妨碍了固氮细菌形成豆科植物必需的根部结瘤。在菌类和更高级植物根系之间那种奇妙而有益的关系已被严重破坏了。

自然界达到自己深奥的目标是要依赖于生物数量间精妙的平衡，但问题是这种精妙的平衡有时被破坏了。当土壤中的一些物种由于杀虫剂的应用而减少时，土壤中的另一些物种就会发生爆发性的增长，从而搅乱了摄食关系。这样的变化很容易改变土壤的新陈代谢活动，并影响它的生产力。这些变化也意味着使从前受抑制的潜在有害生物从自然控制力下逃离出来，并回归有害的位置。

在讨论土壤中的杀虫剂问题时，我们必须谨记一个非常重要的事实：它们是以年计算的时间存在于土壤中的，而并非以月计算。人们使用在土壤中的艾氏剂四年以后仍有发现——一部分是微量的残留物，更多的则转化为了狄氏剂。在使用毒杀芬杀死白蚁十年后，大量的毒杀芬仍然残留在沙土中。六六六在土壤中至少能存在十一年时间；七氯或更加有毒的衍生化学物至少能存在九年。在使用氯丹十二年后，人们发现原来数量的百分之十五都残留在土壤中。

由此看来，哪怕人们有节制地使用杀虫剂，但随着时间的累积，其数量在土壤中仍然会增长到令人震惊的程度。因为氯代烃是顽固并永不变化的，所以每次使用都叠加到了原本就存在的数量之上。如果反复不断地使用，那么“一英亩地使用一磅 DDT 是无害的”这句老话就毫无意义了。在种植马铃薯的土壤里人们发现 DDT 的含量为每英亩 15 磅，种植谷物的土壤中 DDT 的含量每英亩高达 19 磅。在一片被人们作为研究对象的蔓越橘沼泽地中，每亩含有 34.5 磅的 DDT。人们对从苹果园里采集来的土壤进行分析，看来达到了污染的最高峰；在这里，DDT 累积的速度与每年使用量的增加同步增长着。甚至在一个季节里，因为人们在果园里喷洒了四次或更多次的 DDT，DDT 的残毒就能达到每英亩 30－50 磅的峰值。如果连续多年喷洒 DDT，那么果树之间的土壤中 DDT 的含量会达到每英亩 26－60 磅，而树下土壤中 DDT 的含量则会高达每英亩 113 磅。

一个能证明土壤确实能被长久毒害的著名案例是由砷提供的。虽然从四十年代中期以来，砷作为一种用于烟草植物的喷洒剂大部分已被人造的有机合成杀虫剂所替代，但是由美国种植的烟草所制成的香烟中砷的含量在 1932—1952 年间增长了 300%以上。最近的研究表明，增加量为 600%。砷毒物学权威亨利. S. 萨特利博士说，虽然有机杀虫剂已大量取代了砷，但烟草植物仍继续吸收着砷，这是因为种植烟草的土壤现在已完全被一种大量的、溶解性差的毒物——砷酸铅的残余物所浸透。这种砷酸铅持续释放出可溶性的砷。按照萨特利博士的说法，绝大部分种植烟草的土地的土壤已经遭受“叠加的、几乎永久性的中毒”。生长在未曾使用过砷杀虫剂的东地中海地区的烟草没有显示出砷含量如此剧增的迹象。

这样一来，我们就面临着第二个问题。我们不仅需要关心在土壤里发生了什么事情，而且还要知道植物从被污染的土壤中吸收了多少杀虫剂到植物组织内。这在很大程度上取决于土壤、农作物的类型以及自然条件和杀虫剂的浓度。含有较多有机物的土壤释放的毒素相对其他土壤来说要少一些。以后，人们在种植某种粮食作物之前，必须对土壤中的杀虫剂进行分析，否则，即使没有被喷过化学药物的谷物也可能从土壤里吸取了足量的杀虫剂而使其不适合市场供应。

这种污染方面的问题层出不穷，甚至一家儿童食品厂的厂长也始终不愿购买喷洒过有毒杀虫剂的水果和蔬菜。最令人生气的化学药物就是六六六，植物的根和块茎将之吸收之后就带上了一种霉臭的气味。人们两年前曾在加利福尼亚州种植甜薯的土地上使用过六六六，现在因为种植出来的甘薯中含有六六六的残毒而不得不将之丢弃。有一年，一家公司在南卡罗来纳州签订合同要购买它种植的全部甘薯，结果发现大片的土地都被污染了，该公司不得不在市场上重新购买甘薯，这一次造成的经济损失巨大。几年后，许多州种植的多种水果和蔬菜也遭到了丢弃。最令人烦恼的是花生。在南部的一些州里，花生常常与棉花轮作，而因为人们在棉花地里广泛地使用了六六六，导致后来种植在这些土壤中的花生吸收了相当大剂量的杀虫剂。实际上，植物上只要有一点点的六六六，人们就可以闻到植物身上无法隐藏的霉臭味。化学药物渗进了果核里，人们无法除去这种霉臭味，而且试图除去这种霉臭味的过程反而会使这种味道加强。如果一位经营者铁下心要消灭六六六的残毒，他所能采取的唯一办法就是丢弃所有用化学药物处理过的或生长在被化学药物污染了的土壤中的农作物。

有时，化学药物的毒害威胁着农作物本身，只要土壤中有杀虫剂的污染存在，威胁就始终存在。一些杀虫剂能对如豆子、小麦、大麦、裸麦这些敏感的植物产生影响，妨碍它们根系发育，并抑制种子发芽。华盛顿州和爱达荷州的蛇麻草种植者们曾经经历过的事情就是一个活生生的例子。1955 年春天，在草莓根部的象鼻虫的幼虫变得特别多，许多蛇麻草种植者参与了一个大规模控制草莓根部的象鼻虫的行动。在农业专家及杀虫剂制造商的建议下，他们选择了七氯作为控制昆虫的化学药物。在使用七氯后的一年时间里，使用过此药的园地里的藤蔓都枯萎了，然后死掉了。没有使用七氯的田地里没有发生什么事情，作物是否受到损害的界限就在是否使用过药物的交界处。于是人们又花了很多钱在山坡上重新种植了作物，但在第二年，新长出来的根仍然还是死了，四年后的土壤中依然有七氯残留，科学家也无法预计土壤中的残毒到底会持续作用多长时间，他们也提不出改变这种状况的方法。一直拖到 1959 年 3 月，联邦农业局才发现自己宣称的七氯可使用于酿酒植物的言论是错误的，并收回了这一言论，但为时已晚。与此同时，蛇麻草种植者们只能试图在这场官司中寻得一些补偿。

杀虫剂仍然被继续使用着，顽固的残毒不断在土壤中累积起来，有一点几乎是毋庸置疑的:那就是我们正在朝着烦恼不断前进——这是 1960 年在锡拉库扎大学集会的一群专家在讨论土壤生态学时的一致意见。这些专家总结了使用诸如化学药物和放射性物质“如此有效但却知之甚少的工具”带来的危害：“人类所采取的一些不当措施可能毁灭土壤的生产力，但节肢动物却能安然无恙。”

六　地球的绿披风

水、土壤和由植物构成的大地的绿披风供给着地球上动物生存的世界。很少有现代人还记得这个事实——如果没有能够利用太阳能生产出人类生存所必需的基本食物的那些植物，人类将无法生存。我们对植物的态度是异常狭隘的。如果我们看到某种植物具有某种直接用途，我们就种植它。如果出于某种原因，我们对一种植物感到不满意或者我们认为它没有必要存在，我们就要立刻消灭它。除了对人、牲畜有毒以及排挤农作物的那些植物外，许多植物注定要被消灭仅仅是因为我们狭隘地认为这些植物在错误的时间长在了错误的地方而已。还有许多植物只是恰好与那些要被消灭的植物长在一起，就跟着一起被消灭了。

地球的植物是生命之网的一部分，在这个网中，植物和大地之间，一些植物与另一些植物之间，植物和动物之间存在着密切的重要联系。有时，我们想不到别的办法，只能简单的破坏这些关系，但是我们应该谨慎一些，应该先要充分了解清楚我们的行为在未来会造成什么结果。但目前灭草剂行业繁荣，使用广泛，杀死植物的化学药物被大量生产出来，当然是没人会保持谨慎的。

我们从未料想到的对自然景色造成严重破坏的事件很多，这里仅仅举一个例子。事情发生在西部灌木蒿丛地带，在那儿正在进行着消灭鼠尾草，将土地变为牧场的大型工程。我们需要拥有宏伟的历史观和对大自然风貌的认识去面对这个例子。因为这儿的自然景色是各种力量相互作用的生动体现。它就像一本在我们面前打开的书，从中我们可以知晓这片土地的历史以及应该保持它的完整性的原因，但是现在，书放在面前却没有人去读。

几百万年以前，这片生长鼠尾草的土地是西部高原上山脉的低坡地带，是由落基山系的巨大隆起所形成的。这里的气候异常恶劣：冬季漫长无尽，大风大雪从山上席卷而来，平原上是深深的积雪；夏天的时候，缺少雨水，天气炎热，干旱严重，干燥的风带走了植物叶子和茎干中的水分。

在这片狂风呼啸的高原上种植植物需要长期的实验，并不断遭受失败的挫折。一种又一种植物都没能在这儿成功生长。最后，一种具有在这儿生长所需具备的各种特性的植物在此地生长出来了。那就是鼠尾草，它是一种灌木，长得很矮，能够在山坡和平原上生长，它灰色的小叶子能保持水分，防止小偷一样的风把水分带走。这并不是偶然，而是自然选择的长期结果，于是西部大平原变成了鼠尾草的生长之地。

与植物一样，各种动物的进化也与这片土地的需求保持同步。刚好，此时有两种动物就和在这儿生长的鼠尾草一样满意的来到了它们的栖息地。这两种动物一种是叉角羚羊，矫健优雅的哺乳动物；一种是松鸡——艾草榛鸡，这是路易斯和克拉克地区的“平原鸡”。

鼠尾草和松鸡是相辅相成的，鸟类的自然生存期和鼠尾草的生长期是一致的。当鼠尾草地败落时，松鸡的数目也相应减少了。鼠尾草为平原上这些鸟的生存提供了所需的一切。山脚长得低矮的鼠尾草遮蔽着鸟巢及幼鸟，鸟儿们在茂密的草丛里玩耍和休息，鼠尾草随时都为松鸡提供食物。这还是一个你来我往的互利互惠关系，明显的表现就是在松鸡的帮助下，鼠尾草下面及周围的土壤得到了疏松，鼠尾草丛中生长的其他杂草被清除了。

羚羊也使自己适应了鼠尾草。它们是这个平原上最主要的动物，当冬天的第一场雪来临时，那些在山间度过夏季的羚羊都向较低的地方转移。在那儿，鼠尾草为羚羊提供了让它们过冬的食物。在那个让所有植物的叶子都掉落的地方，只有鼠尾草保持常青，它那盘绕在浓密的灌木茎梗上的叶子总是灰绿色的，这些吃起来苦苦的叶子散发着芳香气息，富含丰富的蛋白质和脂肪，还有动物需要的无机物。尽管积雪很厚，但仍未覆盖鼠尾草的顶部，羚羊可以用尖尖的蹄子不断扰动，将它们扒出来吃。这时，靠鼠尾草为食的松鸡也会在光秃秃的、被风刮过的岩架上看到这些草，它们也跟随羚羊到那些已被羚羊刨开了积雪的地方觅食。

其他生命也在寻找鼠尾草。黑尾鹿经常以它为食。可以说，是鼠尾草保证了那些食草牲畜在冬季存活下来。鼠尾草是一种比苜蓿干草能够提供更高能量的植物，在一年的一半时间中，它都是绵羊的主要草料。

这样看来，严寒的高原，紫色的鼠尾草，矫健的羚羊和松鸡，这一切就是一个完美平衡的自然生态系统。这是真的吗？是的。但在那些人们竭尽全力试图改变自然存在方式的地区，恐怕这个“是”应该改为“不是”而且这样的地区已经很多，而且会越来越多。打着发展的旗号，土地管理局已开始帮助那些放牧人想要得到更多土地的贪婪需求得到满足，所以，他们计划制造一块没有鼠尾草的草地。于是，在一块自然条件与鼠尾草混杂或在鼠尾草遮掩下长草的土地上，现在正计划除掉鼠尾草，以造成一种单纯的草地。看样子很少有人去考虑这片纯粹的草地是否是稳定的，和谐的。大自然的回答当然是否定的。在这片雨水稀少的地区，年降雨量不足以灌溉出一片优质的地皮草场；但它却比较有利于在鼠尾草的掩护下多年生的羽茅属植物。

然而，消灭鼠尾草的计划已经进行许多年了。一些政府机关对这个活动相当积极，工业部门也满怀热情地投入到这一事业中，因为这一事业不仅为草种，而且为大型整套的收割、耕作及播种机器开拓了广阔的市场。最新投入的武器是化学喷洒药剂。现在，人们每年都要对几百万英亩的鼠尾草土地喷洒药物。

后果是什么呢？消灭鼠尾草和播种牧草的最终效果在很大程度上只能靠推测。对于土地特性具有长期经验的人们说，牧草在鼠尾草之间以及在鼠尾草下面生长的情况可能比一旦失去保持水分的鼠尾草后单独存在时的情况要好一些。

这个目光短浅的计划只顾及到了眼前，显而易见的结果是，整个密切联系的生命结构被破坏了。羚羊和松鸡将随鼠尾草的消失一起消失。伴随着依赖土地的野生生物的毁灭，土地也将变得更加贫瘠。甚至那些人们准备饲养的牲畜也面临着灾难：夏天青草不足，绵羊在缺少鼠尾草、淡灰色灌木和其他野生植物的平原上生存，在冬季的大风大雪中只好挨饿。

这些是重要的、显而易见的影响。第二个影响则与那些对付自然界的喷药枪有关：喷药伤害了人们目标之外的大量植物。法官威廉欧·道格拉斯最近在他的著作《我的荒野：向东去往克大定山》中讲述了一个令人震惊的例子，那就是美国森林服务公司在怀俄明州的布里杰国家森林中造成了生态破坏。

为了顺从那些想要得到更多草地的牧人的意愿，一万多英亩鼠尾草土地被喷了药，鼠尾草确实按照计划的方案都被消灭了。然而，那些沿着蜿蜒的小河穿过原野的垂柳，它们那碧绿的、充满生命力的柳枝也遭受了同样的厄运。柳树对于驼鹿正如鼠尾草对于羚羊一样，驼鹿一直生活在这些柳树中。河狸也一直生活在那儿，它们以柳树为食。它们折断柳枝，在小溪上修筑了牢固的堤坝。经过河狸的努力，一个小湖泊形成了。山溪中的鳟鱼很少有超过六英寸长的，然而在这个湖里，它们长得很肥大，许多已达到 5 磅重。湖区也吸引了很多水鸟。仅仅因为柳树以及靠柳树为生的河狸的存在，这里就已成为钓鱼和打猎的娱乐胜地。

不幸的是，因为森林服务公司所制定的“改良”措施导致柳树也遭到了和鼠尾草同样的下场，它们被毫无分辨力的喷药毒死。1959 年，这一年正在喷药，当道格拉斯法官访问这个地区时，他看到了那些枯萎垂死的柳树，感到非常惊恐，他认为这是“巨大的、令人无法想象的创伤”。那驼鹿会怎么样呢？河狸和它们创造的小天地又会怎样呢？一年以后，为了了解风景被毁坏的严重程度，他重新回到这里。驼鹿和河狸都逃走了。那个重要的水闸也因为没有建筑师的精心维护而消失得无影无踪了，湖水已经枯竭，湖里找不到稍微大一点儿的鳟鱼，没有什么东西能在这个被遗弃的小河湾里存活下来，这条小河孤独地穿过光秃秃的、炎热的、没有任何树荫的土地。这个生命世界已被破坏。

人们不仅仅是每年对这四百多万英亩的牧场喷药，为了控制野草，其他类型的大片地区同样在直接或间接地接受化学药物的喷洒。例如，为了达到“控制灌木”的目的，一片比整个新英格兰还大的区域（五千万英亩）中的大部分土地正在公用事业公司的运营之下接受例行处理。在美国西南部，大约有七千五百万英亩的种植豆科灌木的土地需要治理，而喷洒化学药物通常是最受推崇的方法。为了从针叶树中“清除”阔叶树，人们正在对一片面积很大的生产木材的土地进行空中喷药。在 1949 年以后的十年间，用灭草剂处理的农业土地的面积翻了一倍，1959 年已达到了五千三百万英亩。现在，已用灭草剂处理的私人草地、花园和高尔夫球场的总面积必定已达到一个令人惊叹的数字。

化学灭草剂是一种花哨的新玩具。它们以一种惊人的方式在发挥作用。在那些使用者面前，它们显示出征服自然的强大力量，但是它们长远的、隐藏的效果就很容易被当作是一种悲观主义者的毫无根据的想象而被无视。“农业工程师”们兴奋地描述着“化学耕种”的前景，他们宣称喷雾器将代替犁头。数千个城镇的官员们对于那些化学药品推销商和热情承包商的话言听计从，那些承包商声称只要花钱就能将路边的丛林全部消灭掉，而且这种方法比割草便宜。也许在官方整整齐齐的数据表里会是这样的情况，但是，真正的成本不仅仅是通过美元计算的，还有其他我们需要考虑的种种损失，而且还有化学药物的巨额广告费以及对环境和依赖环境生存的各种生物的长久而深远的破坏。

比如，到处都被商人推荐的这个商品在度假游客心中是怎样的呢？因为曾经路边美丽的原野遭到了化学药物的破坏，抗议声正与日俱增。这些化学药物将由羊齿植物、野花点缀着的天然灌木丛的原野变成了棕色的、枯萎的旷野。一位新英格兰女士生气地给报社写投诉信：“我们正在把道路两旁变成一个肮脏的、灰褐色的、毫无生机之地，我们为宣传这儿的美景花费了巨额的广告费，这一切可不是游客们乐意看到的。”

1960 年夏天，来自许多州的环保主义者聚集在平静的缅因岛共同倾听其所有者——国家奥杜邦协会的米利森特·托德·宾厄姆的主题演讲。那天关注的主题是保护自然景观以及由从微生物到人类这所有的生命组成的复杂的生命之网。造访此岛的旅行者们都对沿途景观遭到的破坏表示了极大的愤慨。

曾几何时，漫步走在四季常青的森林小路上是一件多么令人愉悦的事情，道路两边都是杨梅、香甜的羊齿植物、桤木和越橘。而现在，四处都是深褐色的荒凉景象。一个保护派成员描述了自己在八月份在缅因岛旅游时看到的景象："我在这里为自己所看到的一切生气，为缅因州的路旁风景所遭到的破坏而气愤。几年前，这儿的公路沿途都是漂亮的野花和灌木，而现在只有一英里接着一英里的死去植物的尸体出现在道路两旁，……仅从经济的角度考虑，缅因州能够承受因为旅行者对颓败景色的失望而不再造访所带来的经济损失吗？"

在全国范围内，人们正打着治理道路旁边的灌木丛的旗号对环境进行破坏，而人们并未意识到这一点。缅因州的公路仅仅只是其中的一个例子。它遭到了极大的破坏，这让我们中间那些特别喜爱那个地方美丽自然风光的人感到非常难过。

康涅狄格州植物园的植物学家宣布，人们对美丽的原始灌木丛以及野花的破坏程度已达到了"公路危机"的程度。在化学药物火力全开的攻击之下，杜鹃花、月桂树、蓝莓、越橘莓、荚迷花、山茱萸、杨梅、香甜的羊齿植物、低灌木、冬浆果、苦樱桃以及野李子濒临死亡的边缘。雏菊、黑心菊、野胡萝卜、秋麒麟草以及秋紫苑这些曾经点缀过美丽大地，让大地充满迷人魅力的植物也垂下了头，枯萎了。

人们对农药的使用不仅没有正确的计划，而且不加节制的滥用。在新英格兰南部的一个城镇，一个承包商在结束了工程之后，发现桶里还剩余一些化学药粉。没有任何计划的，他就沿着这片禁止喷洒药物的路旁林地将这些化学药物全部喷洒出去了。其结果就是，这座城镇道路两旁秋季时美丽的天蓝色和金黄色消失不见了，而原本人们经常来此地旅行就是为了一睹紫苑和秋麒麟草盛放的景色。在新英格兰的另一个城镇，一个承包商因为无知而违反了对城镇喷洒药物高度的规定，他对路边植物的喷洒高度超过了规定的最大限度四英尺，达到了八英尺，从而造成了宽阔的、灰色的破坏带。一个热情的农药推销商将灭草剂推荐给了马萨诸塞州乡镇的官员们，而他们却不知道其中含有砷。药剂使用之后的对道路两旁的影响之一便是十二头母牛因砷中毒死亡。

1957年，当沃特福德镇用化学灭草剂喷洒道路两旁的田野时，康涅狄格州植物园自然保护区的树木受到严重损害，即使那些没有被直接喷洒药物的大树也受到了损害。虽然正是春天万物生长的季节，橡树的叶子却开始卷曲并枯萎，然后新芽开始长出来，并且长得超乎寻常的快，树林一片凄惨的景象。两个季节之后，这些树上较大的枝干都死了，其他枝干上的叶子也都掉光了，整个树林看上去扭曲怪异，令人伤感。

在道路延伸的任何地方，大自然用桤木、荚迷花、羊齿植物和杜松装点道路两旁，随着季节的变化，道路两旁有时布满了颜色艳丽的花朵，秋天里则是一串一串宝石似的果实。这条道路上的交通并不繁忙，车辆不多，所以那儿的灌木几乎不会妨碍司机看到突然的转弯处和交叉路口。但是后来喷洒化学药物的人开始在这条道路上作业，使这条道路变成了人们避之不及的地方。对这个世界感到忧心忡忡的心灵来说，不得不忍受这样的景象，而这正是由我们所拥有的技术导致的。但很多地方政府却对改变这一切表现得犹犹豫豫。因为某些意外的疏忽，在严格安排的喷药地区之间留下了一片片绿洲，而正是在这些绿洲的对比衬托下，道路旁绝大部分被毁坏的地区更显得令人难以忍受。在这些绿洲中，到处都是盛放的百合花、飘动的白丁香和一团一团的紫野豌豆花，这些都令人振奋。

只有在那些出售和使用化学药物的人眼里这样的植物才是“野草”。

在现在已定期举行的控制野草的会议的一期会讯中，我曾看到一篇有关灭草剂的奇异言论。那个作者坚持认为杀死有益植物“就是因为它们和坏的植物长在一起”。那些抱怨路旁野花被破坏的人启发了这位作者，使他联想到历史上那些反对活体解剖论者，他说：“对于这些反对活体解剖论者，如果依照那些反对活体解剖论者看来，一只迷路的狗的生命比孩子们的生存环境更为重要。”

在发表这种言论的作者看来，我们这些人肯定是犯了严重的错误。我们竟然为了能够欣赏野豌豆、丁香和百合花而忍受路边的“杂草”，我们竟然不为清除了杂草而欢欣雀跃，我们也没有为人类再一次征服了自然而欣喜，这真是太可悲了。

法官道格拉斯谈到他曾参加的一个联邦农民的会议，与会者讨论了居民们抗议对灌木蒿丛喷药。当一位老太太因为野花也会被伤害而反对这个计划被这些与会者认为是一个天大的笑话时，这位优雅而聪明的律师问道：“如同牧人寻找一片草地或伐木者寻找一棵大树的权利不可剥夺一样，难道寻找一株萼草或卷丹就不是她的权利吗？”“原野的美学价值就如同山中的铜矿、金矿以及我们山区的森林一样珍贵。”

当然，我们希望保护原野植物不仅仅是出于美学方面的考虑，还有更多比美更重要的原野。在大自然的组合中，天然植物有着重要的作用。乡村小路边的树篱和一块一块的原野为鸟类提供了觅食、躲藏和孵卵、养育的地方，它们为许多幼小动物提供了栖息地。仅仅在东部的一些州里就有七十多种灌木和藤本植物是典型的在路旁生长的植物种类，其中有六十五种是野生生物的重要食物来源。

这样的植物也是野蜂和其他授粉昆虫的栖息地。现在人们感到更迫切的需要这些天然授粉者。然而农夫却不能正确认识到这些野蜂的价值，他们经常采用各种错误的手段使这些野蜂变得对自己不再有利。一些农作物和许多野生植物都是部分或全部依赖于天然授粉昆虫。几百种野蜂参与了农作物的授粉过程，仅造访紫苜蓿花的蜜蜂就有 100 种。如果没有昆虫的自然授粉，那么在未耕种的土地上生长的大部分保持土壤和使其更加肥沃的植物必定会死掉，进而对整个区域的生态造成严重影响。森林和牧场中的许多野草、灌木和树木都依靠天然昆虫进行繁殖。它们都是许多的野生动物及牧场牲畜的食物，这些野生动物及牧场牲畜依靠这些植物才能存活下来。现在，清洁的耕作方法和化学药物对篱笆和野草造成的巨大伤害正在消灭这些授粉昆虫最后的避难所，同时，生命与生命之间的密切联系正在被切断。

这些昆虫对我们的农业和田野来说是那么重要，我们也知道它们很重要，从道理上来说，它们应该受到我们好的对待，而不是对它们的栖息地随意破坏。诸如秋麒麟草、芥菜和蒲公英这样一些“野草”的花粉被蜜蜂和野蜂当作自己幼蜂的主要食物。在紫苜蓿开花之前，在春天里，野豌豆为蜜蜂供给了基本食物，让它们能够顺利渡过春天的这个阶段，之后能够为紫苜蓿花授粉的工作做好准备。秋天，蜜蜂依靠秋麒麟草过冬，在这个季节里，再没有其他的食物了。

一种野蜂能够不早不晚的恰好出现在柳树开花的那一天，是因为大自然本身具有的精妙而准确的时间观念。如果大家都知晓这些事实，这些人就不会大规模的用化学药物去破坏整个大地的景观。而那些自以为自己知道固有栖息地对野生生物的保护价值的人又是怎样在做的呢？他们当中的很多人都在宣扬着灭草剂不会伤害野生动物、杀草剂的毒性比杀虫剂要小的观点！

如果按照他们的观点，没有坏处就能使用。但是，当灭草剂落到森林和田野中，落到沼泽和牧场上时，它们明显对野生生物栖息地造成了影响，甚至对野生生物栖息地造成了永久的毁灭。从长远来看，毁灭野生生物的栖息地和食物可能比直接杀死它们更可怕。这种尽全力对道路两旁以及公路进行化学进攻的讽刺是双重的。过往的实践经验已经清楚的证明，人们努力试图达到的目标不是那么容易实现的。大面积的使用灭草剂并不能长久的控制路边丛林的生长，并且人们还需要年复一年的持续使用灭草剂。更讽刺的是，我们一定要坚持这样的方式，对于可靠的选择性喷药法完全视而不见。选择性喷药法能够长久的控制住植物的生长，不用大面积的在许多植物上持续用药。

将地面上除了青草之外的所有植物统统清理掉并不是控制道路两边及公路上灌木丛的目的。更明确的说来，人们这样做是为了清理掉那些会长得太高而阻挡了驾驶员视线、遮挡路标的植物。所以一般来说，这些植物指的是乔木。大多数灌木都长得比较矮而且没有人们所担心的那些危险性，羊齿植物与野花更是如此。

选择性喷药法是弗兰克·艾格尔博士发明的，当时他在美国自然历史博物馆担任公路丛林控制防治委员会主任。大多数灌木能够坚决抵挡乔木的入侵，选择性喷洒就利用了自然的这一内在稳定性。比较而言，草地很容易被树木幼苗入侵。选择性喷洒的目的不是为了在路边和公路上培植青草，而是为了通过直接清除那些高大的乔木植物，进而保护其他所有植物。一次处理基本就够了，对于那些抵抗性很强的植物，可以进行追补处理。这样就实现了对灌木的控制。因此，控制植物的最好、最经济的方式不是使用化学药物，而是使用其他植物。

这个方法现在已经在美国东部的研究区中进行了实验。结果表明，一旦经过适当处理后，整个区域都会变得稳定起来，至少 20 年不再需要喷洒药物。这种喷洒一般是由工作人员背着喷雾器，一边走一边喷洒，而且会对喷洒方式和用药量进行严格控制。有时候可以在卡车底盘上安装压缩泵和喷嘴，但从不进行地毯式的喷药。工作人员仅仅针对树木，还有那些必须除掉的格外高大的灌木。这样一来，环境的完整性就被保存下来了。宝贵无价的野生生物栖息地被完整地保存下来，由灌木、羊齿植物和野花装扮的美丽景色也未受到伤害。

虽然各地都曾采用过选择性喷药法来处理植物。可惜的是，因为人们根深蒂固的习惯难以改变，地毯式的喷洒方式又重新复活，纳税人每年为此付出沉重的代价，而且生态网也惨遭损伤。可以肯定的是，地毯式喷洒方式能够复燃是因为上面所讲述的事实人们并不知晓。如果纳税人意识到对城镇道路喷药的账单应该是一代人收到一次，而不是每年一次的时候，纳税人肯定会发出要求改变喷药方式的呼声。

选择性喷洒法的优点很多，其中一点就是它能将渗透到土壤中的化学药物量降低到最小。药物没有被大面积的使用，而是集中在树木根部使用，这样，药物能对野生动物产生的危害也被降到了最低程度。

最广泛使用的除草剂是 2, 4-D、2，4，5-T 以及有关的化合物。对于这些灭草剂是否确实有毒，目前还存在争论。用 2，4-D 喷洒草坪时被药水沾染了的人有时会得严重的神经炎，甚至会瘫痪。尽管这类事件不常发生，但医药当局已对使用这些化合物发出警告。2，4-D 中还可能潜藏着一些更隐蔽的其他危险。实验已经证明，这些药物破坏细胞内呼吸的基本生理过程，并能像 X—射线一样破坏染色体。最近的一些研究表明，那些比致死药物的毒性小得多的灭草剂会对鸟类的繁殖产生不良影响。

撇开直接的中毒影响不谈，一些奇怪的间接影响因为某些灭草剂的使用而表现出来。人们已经发现一些动物，不论是野生食草动物还是家畜，它们有时会被一种曾被喷洒过药物的植物吸引，奇怪的是，这种植物并非它们的天然食物。如果人们一直使用的是像砷那样毒性剧烈的灭草剂，那么这种想要除去某种植物的强烈目的必定会造成严重的损失。如果恰巧某些植物本身有毒或长有荆棘、芒刺，那么哪怕毒性较小的灭草剂也能导致死亡。比如，牧场上有毒的野草在喷药后突然变得对牲畜有吸引力了，而畜牧就会为了满足自己这种异常的食欲而死去。兽医药物文献中都是这样的例子，猪吃了喷过药的苍耳、羊吃了喷过药的蓟而引起严重疾病。开花时，蜜蜂在喷过药的芥菜上采蜜就会中毒。野樱桃的叶子的毒性很大，它被 2, 4-D 喷洒后就会对牛产生致命的吸引力。很明显，喷药后（或割下来后）枯萎的植物更具有吸引力。还有一个例子，家畜一般不吃美狗舌草，只有在饲料缺乏的深冬和初春时节才被迫食用。但是，当这种草被 2，4-D 喷洒后就对动物充满了吸引力。

这种奇怪现象的出现是因为化学药物改变了植物本身的新陈代谢。糖的含量在短暂时间内显著增加，这就使植物变得对许多动物产生了很大的吸引力。2，4-D 还有一个奇怪的效能不仅能对牲畜、野生生物产生重大作用，对人也同样如此。大约十年前的一些实验表明，谷类及甜菜经过这种化学药物处理后，其硝酸盐的含量急骤增高。对高粱、向日葵、紫鸭拓草、羊草、猪草以及荨麻可能有同样的效果。牛本来不愿吃这些草，但当它们经过 2，4-D 处理后，牛吃起来津津有味。一些农业专家进行了追查，他们认为，一定数量的牛的死亡与喷药的野草有关。硝酸盐的增长是导致危险的全部原因，因为反刍动物有自身特有的生理过程，所以这种增长能立刻产生严重的问题。大多数这样的动物具有特别复杂的消化系统，它们的胃分为四个腔室。纤维素的消化是在微生物（瘤胃细菌）的作用下在一个胃室里完成的。当动物食用了硝酸盐含量异常高的植物后，消化系统中的细胞膜质中的微生物便对硝酸盐起作用，使其变成毒性剧烈的亚硝酸盐，于是引发一环又一环的致命事件：亚硝酸盐作用于血色素，使其成为一种巧克力褐色的物质，氧在该物质中被禁锢起来，不能参与呼吸过程，因此，氧就不能由肺转入机体组织中。因为缺氧症，即氧气不足，死亡在几小时内就会发生。因为曾在被 2，4-D 处理过的某些草地上活动过的家畜伤亡的原因终于得到了一种合乎逻辑的解释。这一危险同样存在于反刍类的野生动物中，如鹿、羚羊、绵羊和山羊。

尽管其他种种因素（如异常干燥的气候）能够引起硝酸盐含量的增加，但对 2，4-D 滥卖和滥用的后果再也不能视而不见了。这种状况曾引起威斯康星州大学农业实验站的极大关注，实验员证实了在 1957 年提出的警告，"被 2，4-D 杀死的植物中可能含有大量的硝酸盐。"这一威胁已经危及人类，就如同危及动物一般。这有助于解释最近不断发生的"粮库死亡"的奇怪现象。当含有大量硝酸盐的谷类、燕麦或高粱存入粮库之后，它们释放出有毒的一氧化碳气体，这可能导致任何进入粮仓的人毙命。人只要吸入几口这样的气体便可引起一种扩散性的化学肺炎。在米里苏达州医学院对这样一系列的病例进行的研究中，仅一人存活，其他全部死亡。

对这一切了如指掌的一位荷兰科学家 C. J. 贝尔耶金这样评价我们对于灭草剂的使用——"我们在自然界中行走，就好像大象在摆满瓷器的小房间里散步一样。"贝尔耶金博士说："我认为，人们错误地认为要消灭的野草太多了，其实我们并不清楚那些生长在庄稼里的草是全部有毒呢，还是其实某些草是有益处的。"

野草和土壤之间究竟是怎样的关系呢？即使从人类自身的利益考虑，它们的关系也是互益的。正如我们已经看到的，土壤与在其中、其上存在的生物之间保持着一种彼此依赖、相互补充的关系。野草既能从土壤中获取，同样也能给予。

最近，荷兰某个城市的花园提供了一个实际案例。那儿花园里的玫瑰花长得很糟糕，人们对土壤样品分析之后，发现土壤已遭到很小的线虫的严重破坏。荷兰植物保护服务公司的科学家并不推荐对土壤喷洒化学药物或进行别的处理，他们建议把金盏花种在玫瑰花中间。在任何玫瑰花丛中，这种金盏花都会无疑被认为是一种野草，可是它的根部能够分泌出一种能杀死土壤中线虫的分泌物。这一建议被采纳了。人们在一些玫瑰花坛中种植了金盏花，为了进行对比，另外一些玫瑰花坛中没有种植金盏花。结果是显而易见的：在金盏花的帮助下，玫瑰长得很茂盛，但在不种植金盏花的花坛中，玫瑰已经越来越枯萎了。现在许多地方都用金盏花来消灭线虫。

也许还有很多我们还不了解的其他植物正在对土壤起着有益的作用，可我们都将它们残忍的根除了。现在通常被人们斥之为“野草”的自然植物群落的一种重要作用是它们可以作为土壤状况的指示灯。不过植物的这种作用在长期使用化学灭草剂的地方已经消失殆尽。

那些用喷药解决问题的人们也轻视了具有重大科学意义的一件事情——我们需要保留一些自然植物群落。我们需要这些植物群落作为衡量人类自身活动所带来变化的一个标准。我们需要它们作为自然的栖息地，在这些栖息地中，昆虫的原始数量和其他生物都可以被保留下来，这些情况将在第十六章中叙述。杀虫剂的抗药性的与日俱增正在改变着昆虫，也许还有其他生物的遗传基因。一位科学家甚至已提出建议：在这些昆虫的遗传物质被进一步改变之前，应当修建一些特殊的“动物园”，以保持昆虫、螨类及同类生物的原貌。

有些专家曾提出警告说，因为灭草剂被越来越广泛的使用，它们导致植物发生了重大而难以捕捉的变化。用来消灭阔叶植物的化学药物2,4-D使草类没有竞争而疯长，现在这些草中的一些草已变成了“杂草”。新问题又出现了，朝着另一个方向的循环产生了。最近一期的农作物杂志已经承认了这种奇怪的想象：“因为广泛使用2, 4-D控制阔叶杂草，野草的增多已对谷类与大豆产量造成威胁。”

豚草——枯草热病受害者的病原——提供了一个有趣的例子，人们对于控制自然的努力有时就像澳洲土著投掷的飞碟一样，投出去之后转了一圈又飞回原地。人们为了控制水草，在道路两旁使用了几千加仑的化学药物。然而不幸的事实是，地毯式喷洒化学药物导致了更多的豚草生长。豚草是一年生植物，每年它的种子生长都需要一定的开阔土地，所以，我们消灭这种植物最好的方法是促使浓密的灌木、羊齿植物和其他多年生植物的生长。人们经常喷洒化学药物的行为的结果是消灭了这种保护性植物，并创造了开阔的、荒芜的区域，结果豚草迅速在这个区域生长。此外，空气中药粉含量可能与路边的豚草无关，而可能与城市地块以及休耕土地上的豚草有关。

马唐草化学灭草剂的销售火爆是错误方法大为流行的另一个例子。有一种比每年使用化学药物消灭马唐草更廉价有效的方法，那就是使之与另外一种牧草竞争，而这一竞争的结果会使马唐草无法生存。马唐草只能在不茂盛的草坪上生长，这是一种特性，而不是疾病。通过使其他青草在一块肥沃土地上茂密生长能创造出一种环境，马唐草在这种环境中很难生长，因为它每年发芽都需要一片开阔的区域。

苗圃工作人员采纳了农药生产商的意见，而郊区居民又采纳了苗圃工作人员的意见，所以郊区居民每年都把真正惊人数量的马唐灭草剂喷洒在草坪上。这些农药的特征在商标上是表现不出来的，但它们的配方中含有诸如汞、砷和氯丹这样的有毒物质。农药的售出和应用使草坪上留下了数量惊人的这类化学药物。如果按照一种产品的产品说明，用户会在一英亩地上使用60磅氯丹产品。如果用户使用了另外一种产品，那么就将在一英亩地上使用175磅金属砷。我们将在第八章看到，鸟类大量的死亡正在使人类感到困扰，而这些草坪究竟对人类造成了多大的毒害目前还不得而知。

对路旁和路标界植物进行选择性喷药试验的持续成功给我们带来了希望，那就是通过正确的生态调节手段可以实现对农场、森林和牧场的植物控制的规划，这种方式的意图并不在于消灭某个特别种类的植物，而是要把植物作为一个活的群落加以管理。

其他一些切实的成就也说明了我们能够做到的事情。生态控制方法在消灭那些不需要的植物方面获得了一些惊人的成功。大自然本身就已碰到了一些目前正困扰着我们的问题，大自然常常以自己的方法成功解决了这些问题。对于拥有充足的知识去观察自然和试图征服自然的人来说，成功也常常会降临到他头上。

加利福尼亚州对克拉马斯草的控制是人类在控制不需要的植物上的一个典型案例。克拉马斯草，即山羊草，是一种欧洲土特产，它在那儿被称为“圣狗尾草”。它随人类向西方迁移，1793年，它第一次在美国被发现是在宾夕法尼亚州靠近兰开斯特的地方。到了1900年，加利福尼亚州的克拉马斯河附近也发现了这种草，所以这种草又多了一个以地名取的名字。1929年，它将近占领了十万英亩的牧地，而到了1952年，它已侵占了约二百五十万英亩的土地。

与鼠尾草这样的当地植物极大不同，克拉马斯草在这个区域中没有自己的生态位置，也没有动物和其他植物需要它。无论它在哪里出现，那里的牲畜吃了这种有毒的草就会变成“满身疥疮，口腔溃疡，毫无生气”的样子，所以人们认为生长着克拉马斯草的土地不值钱。

而在欧洲，克拉马斯草，即圣狗尾草，从来没有闹出什么麻烦。因为与克拉马斯草一起生长的还有许多种昆虫，大量的克拉马斯草被这些昆虫吃掉，以致这种草的生长受到了严格控制。尤其是在法国南部有两种长得如豌豆那么大的甲虫，泛着金属光泽，它们的生存十分适应和依赖克拉马斯草，它们完全以这种草为食物，并在其中繁殖。

1944 年，这些甲虫第一次被运到了美国，这是一件具有历史意义的事情，因为在北美，这是人们第一次尝试利用食草昆虫来控制植物。到了 1948 年，这两种甲虫都繁衍得很好，所以不需要继续进口这些甲虫。通过在原始产地收集，以每年数百万的数量投放出去的方法将这些甲虫四处散播了。在散布的区域内，只要克拉马斯草枯萎了，这些甲虫就立刻朝着有克拉马斯草的区域前进，并且非常准确地找到新的居住地。当克拉马斯草被这些甲虫控制之后，那些一直被排挤的、人们希望能茂盛生长的牧场植物就得以重生。

1959 年进行的一个十年考察说明，这种控制方式使克拉马斯草已减少到原来的百分之一，“取得了比预期希望更好的效果”。甲虫的大量繁殖是无害的，剩余的克拉马斯草已不构成的危害，实际上它是必需的，这是为了保持甲虫的数量，以阻止克拉马斯草的反复。

在澳大利亚也有这种非常成功且经济代价小的控制野草的案例。殖民者们曾有过将植物或动物带入一个新国家的习俗。大约在 1787 年，一个名为亚瑟·菲利浦的船长把许多种仙人掌带入了澳大利亚，他试图用它们培养可作染料的胭脂虫。一些仙人掌或仙人球流出了他的果园，直到 1925 年，人们发现近 20 种仙人掌已变成野生植物了。因为这些植物在这个区域里没有受到天然的控制，所以它们就洋洋洒洒地蔓延开来，最后占领了将近六千万英亩的土地。这块土地至少一半都被浓密的覆盖了，变得毫无用处。

1920 年，澳大利亚昆虫学家被派到北美和南美去研究这些仙人球自然产地的昆虫天敌。经过对一些种类的昆虫进行研究后，一种阿根廷的蛾 1930 年在澳大利亚产了 30 亿个卵。七年以后，最后一批长势茂盛的仙人球也死掉了，那些原来不能居住和放牧的地区又可以重新居住和放牧了。而整个过程的代价是每英亩土地花费不到一便士。与之相对比的是，早年所采用的那些令人不满意的化学控制方法在每英亩地上的花费高达 10 英镑。

这两个案例都生动证明了通过仔细研究以植物为食的昆虫可以达到对许多不需要的植物的有效控制的目的。这些昆虫可能对畜牧业来说是很容易选择的，它们高度专一的饮食方式很容易为人类所用；但牧场管理科学却一直对此种可能性视而不见。

七　不必要的毁灭

当人类朝着自己所宣称的征服大自然的目标挺进时，他已在书写一部令人心痛的大自然破坏史。人类这些行为不仅直接对人们所居住的大地造成了破坏，而且对与人类共享大自然的其他生命也造成了威胁。最近几个世纪的历史中不乏这种黑暗点——在西部平原对野牛进行屠杀;猎人对滨鸟的杀害；为了得到白鹭羽毛而对白鹭进行了接近灭绝性的大屠杀。除了这些，现在我们正在增加一种新类型的大破坏方式：因为化学杀虫剂不加分别的广泛喷洒在大地上，导致鸟类、哺乳动物、鱼类直接受到危害，事实上，各种类型的野生物都受到了危害。

按照我们目前的理论，似乎没有什么可以阻止人们使用喷雾器。在人们消灭昆虫的战役中，那些被误伤的受害者都是微不足道的。如知更鸟、野鸡、浣熊、猫，甚至牲畜恰好与要被消灭的昆虫生活在一起而被杀虫剂伤害，不应该有人对此提出任何异议。

那些希望公平裁断野生动物受到伤害这个事实的居民们正处于一种两难的境地。现在有两种观点存在，一种是保护者和许多研究野生动物的专家的观点，他们认为喷洒杀虫剂对野生动物造成了严重的伤害，甚至是带来了灾难；另一种是控制机关的观点，他们坚定否认喷洒杀虫剂会造成任何伤害，即使是有伤害，那也是无足轻重的。我们应该接受哪种观点呢？

证据确凿是一个很重要的事情。野生动物专家当然最有资格发表有关野生物是否受到伤害的言论。而专门研究昆虫的昆虫学家却看不到这个问题，他们并不希望看到因为自己的控制计划所导致的不良影响，甚至包括那些在州和联邦政府中从事控制工作的人，当然包括那些化学药物的制造者——他们坚决否认生物学家所报道的事实，他们宣称化学药物对野生动物的伤害是相当轻微的。《圣经》故事中的牧师和利未人一样，他们老死不相往来。即使我们大方地把他们的否认当作短视和利益牵连，但这绝不意味着我们承认他们证据确凿。

最好的形成自己观点的方法是通过查阅一些主要控制计划的资料和向那些熟悉野生生物的生活方式以及对化学药物的使用无偏见的目击证人请教，问问他们当那些化学药物像雨水一样从天空进入野生生物界后究竟发生了什么。

对于鸟类观察者，对于喜爱自己花园中鸟儿的郊区居民、猎人、渔夫，或那些荒野探险者来说，任何对一个地区野生生物造成不利影响的因素都必定会剥夺他们享受快乐的合法权利。这个诉求是正当的。就如常常发生的一样，虽然一些鸟类、哺乳动物和鱼类在喷洒一次化学药物之后能重新生长起来，但真正的巨大危害已经形成。

可惜的是，这样的重新繁荣并非易事，因为喷洒化学药物的行为总是重复进行的。在这样频率的药物喷洒中，很难留下让野生生物得到重新复原的机会。喷洒化学药物的一般结果是污染了环境，这是一个致命陷阱，不仅原来的生物在这里面死去了，那些外来的生物也遭遇了相同的厄运。喷洒药物的面积越大，危险就越严重。因为安全的绿洲已经不复存在。现在，昆虫控制计划的这个十年中，几千英亩甚至几百万英亩土地被喷洒了化学药物；在这十年中，私人以及社区的喷药行为也持续猛增，美国野生动物受伤及死亡的记录也越来越多。让我们来了解一下这些计划，看看已经发生了什么事情吧。

1959 年的秋天，密歇根州的东南部，包括底特律郊区的两万七千多英亩的土地接受了艾氏剂—— 一种最危险的氯代烃药粉高剂量喷洒的空中作业。密歇根州的农业部和美国国家农业部联合执行了这个计划，它的目的是控制日本甲虫。

其实这个激进、危险的行动并没有多少一定要执行的必要。相反的是，一位密歇根州最有名、最有学问的博物学家沃尔特. P. 尼可发表了不同见解。他在密歇根州南部待了很多年，每年夏天他都在田野里度过很长时间，他说："三十多年来，凭我自己最直接的观察和经验来看，底特律城的日本甲虫并不多。随着时间的推移，甲虫的数量也未显现出明显的增长势头。我除了曾在政府设在底特律的捕虫器中看到过几只日本甲虫外，在自然环境中，我只看到过一只日本甲虫……所有事情都是这样秘密进行的，以致我没获得一丁点儿有关昆虫数目在增加的信息。"

来自该州政府部门的官方消息仅仅只是宣称这种甲虫已经"出现"在进行空中喷药的指定区域内。尽管缺乏正当理由，这项计划还是执行了。该州提供了人力及监管计划的执行情况，联邦政府提供设备和补充人员，各个地区承担杀虫剂的费用。

日本甲虫来到美国是一种意外，1916 年，人们在新泽西州发现了这种昆虫，当时人们在靠近里维顿的一个苗圃中发现了几只带有金属绿色的发亮甲虫。人们最初不认识这些甲虫，后来才知道它们是日本主岛上的普通居住者。很明显，这些甲虫是在 1912 年限制条例宣布之前通过苗圃进口而被带入美国的。

日本甲虫从它最初进入的地方逐渐发展到了在密西西比河东部的许多州繁衍，这些地方的温度和降雨条件均适宜甲虫繁衍。每年，甲虫都在越过原来的分布界线对外进行扩展。在甲虫定居时间最长的东部地区，一直在努力实施自然控制。所有实施了自然控制的地方，正如许多事实记录所能证实的那样，甲虫已被控制在一个较低的数量范围内。

虽然东部地区已拥有了对合理控制甲虫的经验，但目前面临甲虫扩张的中西部各州却依旧发起进攻，这种进攻不仅只消灭普通的害虫，并足够杀死最强的敌人。原本为了消灭甲虫使用了最危险的化学药物，结果却使大批人群、家禽和所有野生生物中毒。这些消灭日本甲虫的计划已经导致了大量动物被毒害，数量令人震惊，并且迫使人类面对无法逃避的危险。以控制甲虫为名，密歇根州、肯塔基州、衣阿华州、印第安纳州、伊利诺斯州以及密苏里州的许多地区都被暴露在化学药物中。

密歇根州的喷洒行动是针对日本甲虫进行的第一次大规模的空中袭击。人们选用艾氏剂（它是所有化学药物中毒性最强的一种）并非因为它对控制日本甲虫有独特效果，而是为了省钱——艾氏剂是可用化合物中最便宜的一种。在官方发行的出版物中，一方面承认艾氏剂是一种“毒药”，另一方面又暗示在人口稠密的地区使用这种化学药物不会对人类造成危害。（对于“我应该采取什么样的预防措施？”这一问题的官方回答是：“对于你，没有什么关系。”）对于喷洒的作用，联邦航空公司的一位官员说过的话曾被当地的一个出版物引用：“这是一种安全的操作方式。”底特律一位园林及娱乐部门的代表进一步担保说：“这种药粉对人是无害的，也不会伤害植物和畜牧。”人们完全可以想象到，没有一个官员查阅过美国公众健康服务处、鱼类及野生物调查所发表过的相当有价值的报告，也没有一个官员查阅过有关艾氏剂毒性的相关资料。

密歇根州的害虫防治法律允许该州无须告知土地所有者或征得他们的同意就能进行喷洒化学药物的行动。以此为依据，低空飞行的飞机开始毫无顾忌地在底特律地区作业。居民们担忧的呼声马上将城市的执政当局以及联邦航空公司包围。因为警察局在一个小时内受到了近 800 次的质疑，所以警察局请求广播电台、电视台和报纸通过底特律的新闻报道告诉人们："他们现在看到的一切是怎么一回事，并且告知他们这一切都是安全的。"联邦航空公司的安全员向公众保证："这些飞机处于严格的监管之下"，并且"低飞是经过批准的"。为了平息公众的恐慌，这位安全员又画蛇添足的进一步解释说："这些飞机的机体上有紧急阀门，飞机上的装载物能随时通过它们全部倾泻而出。"谢天谢地，这事总算没有发生。但是，当这些飞机执行任务时，杀虫剂落到甲虫身上的同时也毫无分别的同样落到了人身上。"无害的"化学毒药如雨点一般落到了正在前往商店购物或去上班的路人身上，落到了放学回家吃中饭的孩子身上。家庭主妇扫走了门廊和人行道上那些"看上去像雪一样"的小颗粒。正如之后密歇根州的奥特朋学会所指出的："艾氏剂和黏土混成的白色小药粒（并没有针眼大）成百上千的进入了屋顶的天花板的空隙里、屋檐的水槽中以及树皮和树枝的裂缝中……当雨雪降临时，每个水坑都变成了一摊致命的毒药。"

在飞机喷洒完药粉后的几天内，底特律奥特朋学会就开始收到了保护鸟类的申请。据学会秘书安·博伊斯女士回忆："人们最开始关心喷洒药物后果的表现是我在周日早上接到的一位女士的电话。她说在自己从教堂回家的路上看到了大量已经死去和快要死去的鸟儿。那片地区是那周星期四进行的药物喷洒。她说，在这片地区已经看不到飞翔的鸟儿了。

最后，她在自家的后院发现了一只死鸟，她的邻居也发现了死田鼠。”那天鲍尔斯先生接到的所有电话都说“大量的鸟死了，看不到活的鸟……”那些被捡起来的垂死的鸟儿的症状明显是杀虫剂中毒的症状：战栗，丧失飞翔能力，瘫痪，惊厥。

马上受到影响的生物并非只有鸟类一种。一个地方上的兽医报告说，他的办公室里挤满了人，这些人带着突然病倒的狗和猫。受伤最严重的是那些小心翼翼整理着自己皮毛和舔着爪子的猫们。它们的症状是严重的腹泻、呕吐和惊厥。兽医对这些动物主人所能提出的唯一建议是：没有非出去不可的理由不要让动物外出，如果动物外出，回来之后赶快把它的爪子洗干净。但是，水果或蔬菜里的氯代烃都是洗不掉的，所以这种措施的保护作用相当有限。

尽管城镇健康委员坚持认为，这些鸟儿一定是被“一些其他的喷洒药物”杀死的，尽管他们坚持认为因为使用艾氏剂而引发的喉咙发炎和胸部刺激一定是“其他原因”造成的，但当地卫生部门依旧收到了怨声载道的控诉。一位杰出的底特律内科大夫被请去给四位病人看病，这四个人在观看飞机喷洒药物时接触了杀虫药，之后一小时就发病了。这些病人的症状相同：恶心，呕吐，发冷，发烧，异常疲劳，还有咳嗽。

因为人们一直希望通过化学喷药的方法来消灭日本甲虫，所以底特律发生的事情一直在其他地方重复上演。人们在伊利诺斯州的蓝岛捡到了几百只死鸟和奄奄一息的鸟儿。从收集鸟儿的人那里获得数据表明那儿百分之八十的鸣禽已经死亡。1959 年，人们用七氯对伊利诺斯州乔利埃特的三千多英亩土地进行了处理。根据一个地方运动员俱乐部的报告来看，所有在喷洒过药物的地方栖息的鸟儿“实际已被消灭光了”。那里同样发现了大批死去的兔子、麝鼠、负鼠和鱼，甚至当地一个学校将收集被杀虫剂毒死的鸟儿作为学生的一项科学活动。

可能再没有一个城镇比伊利诺斯州东部的谢尔顿和易洛魁镇附近地区为了造就一个没有甲虫的世界付出的代价更加惨痛了。1954年，美国农业部和伊利诺斯州农业部沿着日本甲虫侵入伊利诺斯州的路线展开了消灭日本甲虫的大运动，他们满怀希望，并且目的明确——通过广泛喷洒药物来消灭入侵的甲虫。在第一次大运动开展的那一年，人们将狄氏剂从空中喷洒到1400英亩的土地上。1955年，另外2600英亩土地也被以同样的方式处理，当时人们认为任务得以圆满完成。之后，越来越多的地方要求这样消灭日本甲虫，到1961年底，已有131,000英亩的土地被喷洒了化学药物。尽管在执行计划的第一年就有野生生物及家禽遭受了严重毒害，但化学处理方法仍在继续使用着，没有与美国鱼类及野生物管理所或伊利诺斯州狩猎管理部门进行商议。

用于进行化学控制的资金源源不断，与之相反的是，伊利诺斯州自然历史观察所的生物学家们为了测定化学控制对野生生物带来危害，不得不在资金严重匮乏的情况下开展工作。1954年，只有1100美元的资金用于雇用野外助手，而在1955年没有此项资金。尽管面临各种各样使调查工作止步不前的困难，生物学家们还是总结了一些事实，这些事实着重描绘出了野生生物遭到严重迫害的景象——这种毁灭通常在计划开始实施之前就明显显现出来了。

导致以食用昆虫为生的鸟类中毒的原因不仅仅与所用化学毒药有关，也与化学毒药的使用方法有关。在早期对萨尔顿的土地执行计划时，狄氏剂是按照每英亩三磅的比例进行喷洒。对于狄氏剂对鸟类的影响，人们只需记住在实验室里对鹌鹑所做实验的结果——狄氏剂的毒性已证明为DDT的50倍。这就说明，人们等于在萨尔顿土地上喷洒了大约每英亩 150 磅的 DDT！而这只是最保守的估计，因为在喷洒化学药物的时候，每片农田的边缘和角落处都会被重复喷洒。

当化学药物渗入土壤后，中毒甲虫的幼蛆爬到地面上，它们在地面上停留一段时间后就死去了，这些幼蛆对那些以昆虫为食的鸟儿来说相当有诱惑力。在进行药物喷洒后的两个星期内，有大量的昆虫死亡或已进入死亡阶段。我们不难想象鸟儿的数量因此受到影响。事实上，褐噪鸫、八哥、草地鹨、鶺哥和野鸡已被全部消灭了。根据生物学家的报告，知更鸟"几乎绝灭了"。在一场小雨之后会有很多死去的虫子，知更鸟很可能吃了这些有毒的虫子。对其他鸟类来说也同样如此，曾经润物细无声的雨水在化学毒药的邪恶作用下也变成了毁灭性的毒药，并渗入了鸟类的生活。在喷洒化学药物后的几天，那些在由降雨形成的水坑中喝过水和洗过澡的鸟儿都没有逃脱死亡的厄运。

活下来的鸟儿也都奄奄一息。在被化学药物处理过的地方发现的鸟窝里都只有几个鸟蛋，没有孵出来的小鸟。

再来看看哺乳动物。松鼠实际上已经死光了，它们的尸体表现出了因中毒暴毙的症状。在被化学药物处理过的地方还有已经死了的麝鼠，田野里还有死兔子。狐鼠本来是城镇里比较常见的动物，但在喷洒化学药物之后，它们也不见踪影了。

在人们发动对日本甲虫的战争之后，谢尔顿地区的任何一家农场如果有一只侥幸存活下来的猫，那就称得上是一件稀奇事情了。在喷洒化学药物后的一个季度里，农场中百分之九十的猫都变成了狄氏剂的牺牲品。其实这一切都应该是能够预料到的，因为在其他地方的文献中已记录有这类中毒事件的惨痛教训。对于所有的杀虫剂，猫都很敏感，对狄氏剂尤其如此。在爪哇西部由世界卫生组织进行的抗疟计划过程中，很多猫都死了。而在爪哇中部，因为太多的猫死亡，以致每只猫的卖价至少翻了两倍。在委内瑞拉喷洒化学药物时，也发生了相同的情况，世界卫生组织得到报告说，猫的数量骤减到几乎要成一种稀有动物了。

在谢尔顿，不仅野生生物，甚至家禽都在消灭昆虫的大运动中被杀死了。人们检查了几群羊牛，发现它们已经中毒和死亡，杀虫剂也同样威胁着牲畜。自然历史观察所的报告记载了其中一个事件：

> 一群羊在 5 月 6 日从喷洒过狄氏剂的田野被赶到另一片没有喷洒药物的、生长着优质野生牧草的小牧场上，其间羊群穿过了一条沙砾路。显而易见的是，喷洒的化学药粉飘过了小道落到了小牧场上，因为那个羊群几乎立刻表现出中毒的症状……它们对食物失去兴趣，焦躁不安，它们围着牧场篱笆转来转去，想要寻找出路……它们不愿离开那里，几乎不停地叫着，耷拉着脑袋。最后，它们还是被带出了牧场……它们拼命地要喝水。在穿过牧场的小溪中发现了两头死羊，人们反反复复将剩下的羊驱赶出那条小溪，有几头羊甚至是被死命从小溪中拉出来的。最后，还是有三头羊死了，剩下的慢慢得以恢复。

这就是 1955 年底发生的事情。尽管化学战继续了很多年，但研究经费早就没有了。自然历史观察所申请的进行有关野生生物与杀虫剂关系的研究经费总是在年度预算计划中早早就被驳回了。直到 1960 年，一位野外研究助手才好不容易地拿到了工资，他一个人完成了四个人的工作量。

当生物学家在 1955 年重启一度中断的研究工作时，面对的依旧是野生生物受到严重伤害的荒凉场面，几乎没有任何好转。而那时所用的化学药物已变为毒性更强的艾氏剂，鹌鹑实验表明，艾氏剂的毒性为 DDT 的 100~300 倍。到了 1960 年，每种生活在这个区域中的野生哺乳动物都受到了毒害。鸟儿的生存状态更加糟糕了。在多拿温这个小城镇，知更鸟已不见踪影，同样的事情也发生在鹩哥、八哥、褐噪鹎身上。在其他地方，上述这些鸟类和其他许多鸟类的数量都大量减少。在用药粉处理过的地方，鸟窝的数量减少了将近一半，一个鸟窝中能孵出的小鸟的数量也明显减少了。这些地方前几年是猎人打野鸡的好去处，现在因为收获甚少，已经没有猎人前往了。

虽然在消灭日本甲虫的战斗中造成了大破坏，虽然在八年多的时间里对易洛魁镇的十万多英亩土地进行了化学处理，但结果却不尽如人意，人们只是暂时控制了这种昆虫，日本甲虫还在继续向西前进。我们可能永远不会知道这个无效的计划花了多少钱，波及的范围有多广，因为由伊利诺斯州的生物学家所得出的结果仅是一个最小值。如果给研究计划提供充足的资金，同时研究的结果又能毫无保留的披露，那么真实的破坏情况会更加惊人。但是在执行计划的八年时间内，生物学野外研究所得到的经费仅为 6000 美元。与此同时，联邦政府为控制工作花费了将近 375，000 美元，并且州政府还追加了几千美元。因此，全部研究费用仅仅是喷洒化学药物计划花销的百分之一，零头而已。

中西部的喷洒化学药物的计划一直是在一种紧张迫切的恐慌情绪下进行的，就好像日本甲虫的存在已将人们带到了一种极其危险的境地中，人们为了消灭甲虫能够不顾一切。其实实际情况并不是这样。如果那些为了消灭甲虫而忍受化学药物毒害的城镇知晓日本甲虫早期在美国发生了什么，就肯定不会对眼前发生的这一切默不作声了。

东部各州很走运，在人工合成杀虫剂发明之前，它们就已遭到甲虫入侵，但它们成功解决了虫灾，并通过不对其他生物造成危害的方式控制了日本甲虫。东部没有任何地方像底特律和谢尔顿那样广泛洒药。东部所采用的有效方法包括发挥自然控制作用，这些自然控制作用具有永久性和不危害环境的多重优越性。

在甲虫进入美国的最初十二年中，因为甲虫没有故乡的限制因素的约束而迅猛增多起来。但是到了 1945 年，在甲虫侵入的大部分区域，它已变成一种不太重要的害虫了。这主要是因为从远东进口的寄生虫能产生使甲虫致命的病原体，从而使甲虫的数量减少。

1920 年到 1933 年间，在对日本甲虫的故乡进行了广泛而详细的调查后，34 种捕食性昆虫和寄生性昆虫被从东方国家进口到了美国以建立对日本甲虫的天然控制，其中五种已在美国东部定居。来自韩国和中国的一种寄生性黄蜂最有效，分布也最广泛。当一只雌蜂在土壤中发现一个甲虫幼蛆时，会对幼蛆注射能使其瘫痪的液体，同时将一个卵产在幼蛆的表皮下。蜂卵孵成了幼虫，这个幼虫就以被麻痹了的甲虫幼蛆为食，并将它吃光。在大约 25 年内，此种蜂群按照州与联邦机构的联合计划被引进到东部的 14 个州。黄蜂已在这个区域广泛定居下来，并且它们因为在控制甲虫方面起了重要作用获得了昆虫学家们的普遍信任。

一种细菌性疾病发挥了更为重要的作用，这种疾病能对甲虫科造成影响，而日本甲虫就属于此科——金龟子科。这是一种非常特殊的有机体，它不侵害其他类型的昆虫，它对于蚯蚓、温血动物和植物来说都没有害处。这种疾病的孢子存在于土壤中。当孢子被觅食的甲虫幼蛆吞食后，它们就会在幼蛆的血液里以惊人的速度繁殖起来，导致虫蛆变成变态白色，因此甲虫的这种病被俗称为“乳白病”。

1933 年，人们在新泽西州发现了乳白病，到 1938 年时，这种病已蔓延到日本甲虫快速繁殖的地区。在 1939 年，为了促进这种疾病更迅速的传播开来，人们准备实施一个控制计划。虽然没能找到一种能加快这种细菌生长速度的人工手段，但发现了一种令人满意的替代方式：将被细菌感染的虫蛆磨碎、干燥，并与滑石粉混合起来。按照标准，一克粉末内应含有一亿个孢子。1939—1953 年，按照联邦与州的合作计划，人们对东部 14 个州大约 94000 英亩土地进行了处理；联邦的其他地区也被进行了处理；另外一些陌生的广阔地区也被私人组织或者个人进行了处理。到了 1945 年，康涅狄格州、纽约、新泽西州、特拉华州和马里兰的日本甲虫中已广泛流行着乳白病孢子了。在一些实验区域中，受感染的虫蛆高达 94%。这个扩散工作作为政府行为在 1953 年中止了，它由一个私人实验室承担下来，这个私人实验室继续为个人、公园俱乐部、居民协会以及其他需要控制甲虫的人提供帮助。

因为已实现了对甲虫的高度自然控制，那些曾经实行此计划的东部各地区已经无忧无虑了。这种细菌能在土壤中存活很多年，这种细菌因为效力的不断增强和持续被自然传播，它们已按所预期的那般永远在这儿站稳了脚跟。

但是，为什么这些在东部实践过的令人印象深刻的成功经验不能在对甲虫掀起疯狂化学战的伊利诺斯州和其他中西部各州推行呢？

有人说，用乳白病孢子进行接种“太昂贵”了，但是，二十世纪四十年代时，东部 14 个州中没有人这样认为。而且，这个“太昂贵”的结论是通过怎样的计算方式得到的呢？这显然不是根据谢尔顿喷洒计划造成的那种全面毁灭的真正损失得出的。这个结论还没有考虑到以下这个事实：孢子接种是一次性的，费用也是一次性的。

也有人告诉我们，乳白病孢子不能在甲虫分布较少的地区使用，因为乳白病孢子只能在土壤中已有大量甲虫幼蛆存在的地方定居。就和对待那些支持化学药物喷洒的宣告一样，这种说法也是值得怀疑的。研究已经发现，导致乳白病的细菌至少可以对40种其他种类甲虫起作用。这些甲虫分布很广，即使在日本甲虫数量很少或完全没有的地方，这种细菌也完全可以传播甲虫疾病。而且，因为孢子能在土壤中长期存在，它们甚至可以在完全没有虫蛆的情况下继续存在，等待时机，就像目前甲虫分布的边缘地区一样。

毫无疑问的是，那些不计代价、急迫希望得到结果的人将会一如既往的使用化学药物来消灭甲虫。同样有一些人喜欢使用那些有名的商品，他们愿意反复操作和购买药物，这样一来，控制昆虫的工作就能长期存在。与此同时，那些愿意耐心等待一两个季度之后获得满意结果的人会倾向于乳白病；他们最终能获得对甲虫彻底控制的成功，并且这个彻底的控制作用不会随着时间的流逝而消失。

伊利诺斯州皮奥里亚的美国农业部实验室正在进行一项研究——试图找到一种人工培养乳白病细菌的方法。如果这项研究成功，使用乳白病细菌的成本将大大下降，并将促进它的广泛应用。经过数年的研究，目前已小有成就。日本甲虫的极端猖獗一直是中西部化学控制计划的噩梦，当这个“突破”完全实现时，我们也许能够将目光放得长远一些和更理性的去对付日本甲虫。

类似在伊利诺斯州东部喷洒化学药物之类的事件对我们提出了一个不仅是科学上的，更是道德上的问题，那就是，是否任何文明都能对其他生命发动无情的战争，与此同时，既不毁灭自己，也不失去“文明”的尊严。

这些杀虫剂的毒性没有任何选择性，它们不能只杀死特定的某种我们希望消灭的昆虫。任何一种杀虫剂的使用都是建立在一个简单的理由之上，那就是它是能够杀死生命的毒药，所以，它也能够毒害所有和它接触的生命：家养的猫狗、农民的牲畜、田野里的兔子和在高空中飞翔的云雀。这些生物对人是无害的。实际上，人类的生活正是因为这些生物及其伙伴们的存在才变得多姿多彩。而人类却用突如其来的恐怖死亡来答谢它们。谢尔顿的科学观察者们这样描述一个奄奄一息的、即将死亡的草地鹨："它侧躺着，显然已失去肌肉的协调能力，它不能飞翔也不能站立，但它不停扇动着自己的翅膀，紧紧地收起自己的爪子。它张着嘴巴，困难地呼吸着。"更可怜的是垂死的田鼠安静样子，它"表现出了死亡即将降临的模样，它的背已经弯曲了，握紧的前爪缩在胸前……它的头和脖子往外伸，它的嘴里都是脏东西，不禁令人想起这个奄奄一息的小东西过去啃食土地的样子。"

我们竟然能够默许这种折磨其他生命的行为，难道作为人类的我们的品德没有降低吗？

八　再也没有鸟儿歌唱

现在在美国，越来越多的地方在春天时已没有鸟儿报春；清晨早起，也听不到原来到处可以听到的鸟儿美妙的歌唱，现在只有异常的寂静。鸟儿突然安静了，人们常常忽视了鸟儿带给我们这个世界的美丽色彩和快乐，导致了现在许多的鸟儿销声匿迹。

一位伊利诺斯州的欣斯代尔镇的家庭妇女写信给美国自然历史博物馆鸟类馆名誉馆长、世界知名鸟类学者罗伯特·库什曼·墨菲，信（这封信写于 1958 年）中充满了绝望。

> 这几年来，我们村子一直在给榆树喷药。六年前我们刚搬到这里时，这儿到处都是鸟儿，于是我就开始饲养鸟类。整个冬季，不断有红衣凤头鸟、山雀和五子雀从这里飞过；到了夏天，红衣凤头鸟和山雀又带着小鸟飞回来。
>
> 在连续喷洒了数年 DDT 后，这个城镇里的知更鸟和八哥几乎全部消失了；我的饲鸟架上已有两年没有看到山雀了，今年甚至连红衣凤头鸟也看不到了；邻居留下筑巢的鸟仅有一对鸽子，也许还有一窝猫声鸟。

联邦法律是保护鸟类的，这点孩子们在学校读书时就已知道了。所以当孩子们问我，“鸟儿们还会回来吗？”的时候，我就不太合适告诉他们，鸟儿们是被害死的。他们仍然会问我这个问题，但是我无言以对。榆树正在死去，鸟儿也在死去。政府是否正在采取什么措施呢？能够采取什么措施呢？我能做些什么呢？”

在联邦政府开始实施消灭火蚁的广泛喷洒计划后的一年里，一位亚拉巴马州的妇女写道：“大半个世纪以来，我们这个地方一直是鸟儿的圣地。去年七月，我们都注意到这儿的鸟儿比以前更多了。然而，在八月的第二个星期里，所有鸟儿都突然消失了。我习惯每天早起喂养我心爱的母马，它有一匹小雌马，但我已听不到一声鸟儿的鸣叫。这种景况让人感到凄凉和不安。我们对这个美好的世界做了什么？直到五个月后，才有一种蓝色的松鸦和鹪鹩出现了。”

在这位女士信中讲述的那些事情发生的那个秋天，我们还收到了另外一些让人心中蒙上一层阴影的报告。这些报告来自密西西比州、路易斯安那及亚拉巴马偏远的南部地区。由国家奥特朋学会和美国渔业及野生物服务处出版的季刊《野外笔记》说，这个国家出现了一些没有任何鸟类的地方，这种现象是可怕的。《野外笔记》是一些有经验的观察家们所写的报告编辑而成的，这些观察家花费了多年时间在特定地区进行野外调查，他们对这些地区常见鸟类的正常生活状况有着无与伦比的丰富知识。一位观察家报告说，那年秋天，他开车在密西西比州南部行驶，很长的一段路程内根本没有鸟儿出现。”另外一位在巴吞鲁日的观察家报告说，几个星期都没有鸟儿飞来碰她放好的饲料；以前这个时候，她院子里的灌木上早就光秃秃的了，而现在却仍然果实累累。另外一份报告说，他的窗口“以前是一幅由四十或五十只红衣凤头鸟和一大群其他各种鸟儿组成的美丽的发散状图案的图画，但现在却难得看到一两只鸟儿。”阿巴拉契亚地区的鸟类权威、西维吉尼亚大学教授莫里斯·布鲁克斯报告说，“西弗吉尼亚鸟类数量减少的程度是令人震惊的”。

这里有一个故事，从中可以窥见鸟儿的悲惨命运，一些种类已被这种残酷的命运征服，它威胁着所有的鸟类。这个故事就是人尽皆知的知更鸟的故事。对于千百万美国人来说，第一只知更鸟的出现意味着冬天冰封的河流已被解冻。知更鸟的到来是能登上报纸的消息，并能成为人们茶余饭后的趣谈。随着候鸟的不断飞来，森林开始变得郁郁葱葱，人们在清晨倾听知更鸟在黎明时分合唱的第一支曲子。但是现在，一切都变了，甚至鸟儿的飞回也不被认为是件理所当然的事情。

不仅仅是知更鸟，还有其他许多鸟儿的生存和美国榆树息息相关。古往今来，这种榆树都是从大西洋沿岸到落基山脉之间上千城镇的一部分，它们用庄重的绿色装点了街道、村庄和校园。现在这种榆树已经患病，并且这种病变已经蔓延到所有榆树生长的地区，这种病变是如此严重，以致专家们都认为无论怎样竭力抢救都是徒劳的。尽管失去榆树是一件悲伤的事情，但如果我们在抢救榆树的徒劳无功的努力中将绝大部分鸟儿拖进了毁灭的灾难中，那会是更加惨痛的悲剧。但这是真正在威胁着我们的噩梦。

大约是在1930年从欧洲进口镶板工业用的榆木时，所谓的荷兰榆树病被引入了美国。这是一种菌类疾病。这种菌侵入树木的输水导管中，其孢子通过树汁的流动扩散开来，并且因为分泌有毒物质及其阻塞作用导致树枝枯萎，使榆树死亡。榆树皮甲虫将这种病从生病的树传播到健康的树上。死去的榆树皮下由甲虫开凿的通道中满是入侵细菌的芽孢，它又附着在甲虫身上，这样一来，甲虫飞到哪里，它也就被带到哪里。因为对于这种榆树病的控制主要在控制昆虫传播者上努力，所以在美国榆树集中的地区——美国中西部和新英格兰州，对一个又一个村庄广泛喷洒化学药物已变成一项日常工作。

这种喷洒化学药物的行为对鸟类，特别是对知更鸟意味着什么呢？第一次对这个问题做出清晰回答的人是两个鸟类学家密歇根州立大学的教授乔治·华莱士和他的一个研究生约翰·迈纳。1954 年，当迈纳先生开始博士论文时，他选择了一个关于知更鸟种群的研究课题。这完全是巧合，因为那时还没有人认为知更鸟处于危险之中。但是，正当他展开这项研究时，事情发生了，这件事改变了他要研究的课题的性质，这件事也夺走了他原本的研究对象。

1954 年从大学校园开始，人们对荷兰榆树病进行了小范围的喷洒药物。第二年，喷洒范围扩大了，东兰辛（该大学所在的城市）也加入进来，并且在当地，人们不仅仅针对吉普赛蛾喷药，甚至对蚊子也开始喷药了。化学药物已经增多到可以如雨水一般倾盆而下了。

在 1954 年，即首次少量喷洒化学药物的第一年，一切看起来都很顺利。第二年春天，迁徙的知更鸟像往年一样开始重返校园。就如同汤姆林森令人难以忘怀的散文《失去的树林》中的圆叶风铃草一样，当它们重新出现在自己熟悉的地方时，它们没有“预料到有什么不幸发生”。但是，不对劲的端倪很快就冒出来了。校园里开始出现已经死去和危在旦夕的知更鸟。在鸟儿过去经常啄食和群聚栖息的地方几乎看不见鸟儿了。几乎没有鸟儿筑新窝，也几乎没有幼鸟出现。在之后的几个春季里，只有这种情况在重复出现。喷洒过药物的区域已变成致命的陷阱，只需一周的时间，这个致命的陷阱就能将一批迁徙而来的知更鸟消灭掉。然后，新来的鸟儿再落入陷阱，注定要死亡的鸟儿的数量不断增加。在校园中可以看到这些逃脱不了死亡命运的鸟儿在临死前的挣扎中颤抖着。

华莱士教授说：“对于大多数想要在春季在校园里寻找住处的知更鸟来说，校园已经成了它们的坟地。”但这是为什么呢？最开始，他怀疑是由神经系统的一些疾病引起的，但事实很快就浮出了水面，“尽管那些使用杀虫剂的人们信誓旦旦的承诺他们喷洒的化学药物对‘鸟类无害’，但那些知更鸟确确实实是因为杀虫剂毙命，中毒的知更鸟表现出人们熟知的失去平衡的症状，紧接着是战栗、惊厥，最后是死亡。”

有些事实表明，知更鸟并非是因为与杀虫剂直接接触而中毒，而是因为它们食用了蚯蚓导致间接中毒。人们偶然用校园里的蚯蚓来喂养一个研究项目中使用的小龙虾，结果所有的小龙虾很快就都死了。养在实验室笼子里的一条蛇在吃了这种虫子之后就激烈地颤抖起来，而蚯蚓却是知更鸟在春天里的主要食物。

无法摆脱死亡诅咒的知更鸟死亡谜团很快由位于厄巴纳的伊利诺斯州自然历史观察所的罗伊·巴克尔博士解开。巴克尔博士在1958年发表的著作中解释了这个事件错综复杂的循环关系——在蚯蚓的作用之下，知更鸟的命运与榆树联系在了一起。春天时，人们对榆树喷洒了化学药物(一般的剂量是50英尺高的一棵树使用2—5磅的DDT，这相当于在榆树密集的地区每英亩使用23磅的DDT)。人们常在七月份再进行一次喷洒，浓度为之前的一半。强效的喷药器对准树木喷射出一条条剧毒的水龙，它不仅直接杀死了需要消灭的目标对象——树皮甲虫，而且也杀死了其他昆虫，包括授粉的昆虫和捕食其他昆虫的蜘蛛及甲虫。化学毒药在树叶和树皮上形成了一层黏稠而牢固的薄膜，雨水也不能带走它。秋天，树叶落下，潮湿的堆积起来，开始了变为土壤一部分的缓慢过程。在这个过程中，它们得到了蚯蚓的帮助，因为榆树叶子是蚯蚓喜爱吃的食物之一，所以它们吃掉了叶子的碎屑。在吃掉叶子的同时，蚯蚓同样也吞下了杀虫剂，而且杀虫剂还在它们体内累积和浓缩。巴克尔博士发现在蚯蚓的消化管道、血管、神经和体壁中存在 DDT 的沉积物。毋庸置疑，一些抵挡不住毒素的蚯蚓死去了，而那些活下来的蚯蚓变成了毒药的“生物放大器”。春天，当知更鸟飞来时，在此循环中的另一个环节就发生了。十一只大蚯蚓就能送给知更鸟一份剂量足以致命的 DDT。而对一只知更鸟来说，十一只蚯蚓只不过是一天食量的很小一部分，一只鸟儿分钟就能吃掉 10—12 只蚯蚓。

并不是所有的知更鸟都摄入了足以致命剂量的毒药，但是发生在其他鸟儿身上的无法逃避的中毒也同样能够导致这种鸟类的灭绝，那就是不孕，这个巨大的阴影笼罩着所有的鸟儿，而且潜在威胁着一切生物。现在，在密歇根州立大学的全部 185 英亩的校园里，每年春天只能发现二三十只知更鸟；而在喷洒化学药物之前，这儿大概有 370 只成年的鸟。1954 年时，迈纳观察的每一只知更鸟窝都孵出了幼鸟。假如没有对这片地区进行喷洒化学药物，那么到了 1957 年 6 月底，至少应该有 370 只（正常代替成鸟的数量）幼鸟在校园里觅食，而事实上，迈纳目前仅发现了一只知更鸟。一年后，华莱士教授报告说：“在（1958 年）春天和夏天里，我在校园的任何地方都没看到一只长毛的知更鸟，而且从未听说有谁看到了一只知更鸟。”

当然，没有幼鸟出生的部分原因是，在筑巢之前，一对知更鸟中的一只或者两只就已经死了。但是华莱士的记录非常吸引眼球的原因是这些记录披露了一些非常不祥的事实，那就是鸟儿的生殖能力实际上已遭到毁坏。例如，他记录到“知更鸟和其他鸟类造窝而没有下蛋，就算有蛋也孵不出小鸟。我们观察了一只知更鸟，它满怀信心的伏窝 21 天，但却孵不出小鸟来。而正常的伏窝时间为 13 天……我们经过分析发现，在伏窝的鸟儿的睾丸和卵巢中含有高浓度的 DDT。”渥里斯在 1960 年向国会报告了这个情况：“十只雄鸟的睾丸内含有百万分之三十至百万分之一百零九的 DDT，两只雌鸟卵巢中的卵滤泡内含有百万分之一百五十一至百万分之二百一十一的 DDT。”

紧接着对其他地区进行调查研究的结果也同样令人忧心忡忡。威斯康星大学的约瑟夫·希基教授和他的学生们在对喷洒区和未喷洒区进行了仔细的比较研究后，报告说：知更鸟的死亡率至少是 86%~88%。位于密歇根州百花山旁的希兰克鲁克科学研究所曾经试图知晓鸟类因为人类对榆树喷洒化学药物而受到伤害的程度，1956 年时，他们要求将所有被认为死于 DDT 中毒的鸟儿都送到研究所进行化验分析。结果是意外的，研究所里所有的仪器都开始超负荷运转，包括那些原本常年闲置的仪器也开始满负荷运作起来，所以他们不得不拒收很多的实验样品。1959 年，仅一个村镇就报告或交来了一千只中毒的鸟儿。虽然知更鸟是主要的受害对象（一个妇女打电话向研究所报告说，当她打电话时，在她的草坪上已有 12 只知更鸟死去了），但不仅只有知更鸟，63 种其他种类的鸟儿也在研究所接受了测试。

知更鸟仅是与榆树喷药计划有关的系列毁灭中的一环，而榆树喷药计划又是大地上发生的各种各样的喷药计划的一项。大约有 90 种鸟儿严重伤亡，其中包括那些郊外居民和大自然爱好者最熟悉的鸟儿。在一些喷洒过化学药物的城镇里，筑巢鸟儿的数量一般都减少了 90%。正如我们将要看到的，各种各样的鸟儿——地面上觅食的鸟，树梢上觅食的鸟，树皮上觅食的鸟以及食肉动物都受到了影响，无一幸免。

我们完全有足够的理由推断，所有主要以蚯蚓和其他土壤生物为食的鸟儿和哺乳动物都如同知更鸟，它们的生命受到了严重威胁。约有45种鸟儿都以蚯蚓为食，鸟鸫是其中一种，这种鸟儿一直在近来被喷洒了大量七氯的南方过冬。现在，人们在鸟鸫身上发现了两个重要的变化。在新布伦斯维克孵育场中，幼鸟数量明显减少了，而已长成的鸟儿经过分析发现它们的体内含有大量的DDT和七氯残毒。

已经有报道说，20多种在地面觅食的鸟儿已大量死亡，这让人感到极大的不安。这些鸟儿的食物——蠕虫、蚁、蛆虫或其他土壤生物已经有毒了。死亡的鸟类中有三种画眉鸟，它们的歌声在鸟类中是最优美动听的。还有那些轻轻掠过森林地带的茂密灌木丛、在落叶中觅食时会发出沙沙响声的麻雀，会歌唱的麻雀和白颔鸟，这些鸟也都成了对榆树喷洒化学药物这种行为的受害者。

同样，哺乳动物也很容易直接或间接地卷入这一连锁反应中。蚯蚓对浣熊来说是一种比较重要的食物，在春天和秋天的时候，负鼠也经常把蚯蚓作为食物。鼱鼩和鼹鼠这样的地下挖掘者也会捕食一些蚯蚓，然后，化学毒素就有可能被传给诸如鸣角鸮和仓鸮之类的食肉动物。在威斯康星州，人们在一场春雨过后捡到了几只死了的鸣角鸮，它们死亡的原因可能是吞食蚯蚓后中毒而死。人们曾经发现一些鹰和猫头鹰——其中有角鸮、鸣角鸮、红肩鹰、食雀鹰、沼地鹰处于抽搐状态。可能是因为它们吃了那些在肝脏和其他器官中累积了杀虫剂毒素的鸟类和老鼠而造成了二次中毒。

受到榆树喷药伤害的不仅仅只是在地面觅食的动物或它们的猎食者。那些森林里的精灵们——红冠和金冠的戴菊鸟、很小的食虫鸣禽以及春天成群飞过树林的羽毛颜色绚丽的鸣鸟。所有立在枝头从树叶中搜寻昆虫为食的鸟儿都已经在大量喷洒化学药物的地区消失不见了。1956年春末，因为药物喷洒的时间因故被推迟，所以喷洒药物时刚好有大群的鸣鸟正在迁徙。大批飞到该地区的鸣鸟几乎都被杀死了。在威斯康星州的白鱼湾，正常的情况下至少能看到1000只迁徙的桃金娘莺，1958年，在对榆树喷洒化学药物后，观察者们只看到了两只鸟。其他村镇鸟儿死亡的消息陆续不断的传来，被化学药物杀害的鸣禽中有很多种类都是曾经令人恋恋不舍的鸟类：黑白鸟、黄雀、木兰鸟和五月角鸟，在五月的森林中啼声回荡的灶鸟，翅膀的颜色如火焰一般的黑斑森莺、栗色鸟、加拿大鸟和黑喉绿鸟。这些在树枝头觅食的鸟儿要么因为吃了有毒的昆虫受到直接的影响，要么因为缺少食物、觅食困难而受到间接的影响。

在天空中飞翔的燕子也受到食物匮乏的严重打击，如同鲱鱼奋力捕捉大海中的浮游生物一样，这些燕子都拼命在天空中寻找可以食用的昆虫。一位威斯康星州的博物学家报告说："燕子已经受到了严重的伤害。每个人都在抱怨与四五年前相比，现在能够见到的燕子太少了。仅仅在四年之前，我们头顶处处都盘旋着欢乐的燕子，而现在，我们已经很难看到了……这种情况可能是由两方面原因导致的，一方面是由于化学药物的喷洒造成了昆虫的减少；另一方面是鸟儿的食物——昆虫体内已经含毒。"

至于其他鸟类，这位观察家是这样记录的："另外一种明显变少的鸟类是东菲比霸鹟，健康强壮的普通小东菲比霸鹟再也看不到了。今年春天我看到一只，去年春天我也只看到一只。威斯康星州的其他捕鸟人对此也有同样的怨言。我曾养过五六对红衣凤头鸟，而现在一只也没有了。过去，鹪鹩、知更鸟、猫声鸟和鸣角鸮每年都在我们花园里筑巢，而现在一只也没有了。夏天的清晨早已听不到鸟儿悠扬的歌声。只剩下佩斯鸟、鸽子、八哥和英格兰麻雀。这样悲惨的现实我无法忍受。"

无冠山雀、五子雀、花雀、啄木鸟和北美旋木雀这些鸟儿的数量急剧减少可能是因为在秋天对榆树喷洒化学药物时毒药渗入了树皮的每一个细小的缝隙中。在 1957 年和 1958 年间的那个冬天，华莱士教授这么多年来第一次发现在自己家里的饲鸟处已经不见无冠山雀和五子雀的踪影。后来，他从发现的三只五子雀上揭示了一个令人伤心的惨痛事实和其中的因果联系—— 一只在榆树上啄食，另一只正奄奄一息，表现出 DDT 中毒特有的症状，第三只已经死了。后来在死掉的五子雀的体内检查出百万分之二百二十六的 DDT 残毒。

鸟儿的饮食习惯使它们特别容易受到杀虫剂的伤害，无论是从经济角度还是从其他容易被忽视的角度看，它们死亡的损失都是相当惨重的。例如，白胸脯的五子雀和北美旋木雀夏天时的食物对象就包括对树木有害的昆虫的卵、幼虫和成虫。无冠山雀的食物四分之三来源于动物，包括多种处于各个生长阶段的昆虫。对于无冠山雀的觅食方式，在本特描写北美鸟类的不朽著作《生命历史》中有所记录："当一群山雀飞到树上时，为了找到一点儿的食物——蜘蛛卵、茧或其他冬眠的昆虫，每一只鸟儿都仔细地在树皮、细枝丫和树干上搜寻着。"

许多科学研究已经证实，无论在何种情况下，鸟类对昆虫控制都能起到决定性的效果。啄木鸟是恩格尔曼云杉甲虫的主要控制者，在它的作用下，这种甲虫的数量由 98%降到了 45%，它还对果园里的鳕蛾起到重要的控制作用。无冠山雀和其他在冬天活动的鸟儿可以保护果园免受尺蠖之害。

但是，在现如今这个处处遭到化学药物浸染的世界里再也不会发生曾经在大自然中所发生的这一切了，在现在的这个世界里，化学药物在杀死昆虫的同时，也一并杀死了昆虫的天敌——鸟类。就和过去发生的一样，当昆虫的数量再次变多时，已经没有能够阻止昆虫数量快速增长的鸟类了。如密尔沃基公共博物馆的鸟类馆长欧文丁·格洛米在《密尔沃基》日报上写道："昆虫最大的敌人是另外一些捕食性的昆虫、鸟类和一些小哺乳动物，但DDT却不加甄别的杀害了所有的一切，甚至是大自然自己的卫兵和警察……打着进步的旗号，难道我们自己愿意变成在对昆虫火力全开的战斗中的受害者吗？这种控制方式只能起到暂时的缓解作用，以后还是注定会失败的。那时我们还能有什么控制害虫的新方法呢？榆树被毁灭，作为大自然的士兵的鸟类因为中毒而全部死光，那时害虫就会攻击其他的树种。"

格洛米先生报告说，自从在开始威斯康星州喷洒药物的这几年中，有关报告鸟儿死亡或垂死挣扎的电话和信件与日俱增。这些充满着质疑和责备语气的报告告诉我们，在喷洒过化学药物的地区，鸟儿都快要死光了。

对格洛米的报告，美国中西部的研究中心——密歇根州布兰克鲁克研究所、伊利诺斯州的自然历史观察所和威斯康星大学的大部分鸟类学家和观察家都表示赞同。几乎在所有正在喷洒化学药物的地区的报纸读者来信栏目中都清晰的讲述了这样一个事实：居民们对喷洒化学药物已有清楚的认识并对此感到义愤填膺，他们比那些主持喷洒药物工作的官员更加了解这种行为的危险程度和有多么的不合理。一位来自密尔沃基的女士写道："我真担心，我们后院中那些美丽鸟儿全部死亡的那天即将来临了。""所要忍受的这个过程是悲哀的……而且，令人感到失望和愤怒的是，这场大屠杀显然没有达到希望企及的目的……从长远来看，有谁能在不保护鸟儿的情况下能够保护好树木呢？难道在大自然的有机体中，它们不是相互依存的吗？难道没有不破坏大自然的方式去帮助大自然恢复平衡吗？"

在其他的信件中，写信者表达了这样一个观点：虽然榆树是一种重要的树木，但是它们并不是“神兽”，没有任何理由为了保护它们而对其他生命发动战争。威斯康星州的另一位妇女写道：“我一直很喜欢我们的榆树，它如风向标一般矗立在田野上……但我们必须去拯救我们的鸟儿。谁能够想象失去知更鸟美妙歌声的春天是怎样的呢？那会多么的阴森和寂寥啊！”

我们是要保护鸟儿还是要保护榆树呢？一般人也许认为，非此即彼的二选一似乎是一件十分简单的事情。但实际问题并没有那么简单。对于化学药物控制的讽刺言论多极了，其中一句就是，如果我们按照现在横冲直撞的方式沿着这条道路继续走下去，那么最后极有可能，我们既失去了鸟儿，也失去了榆树。喷洒的化学药物正在杀死鸟儿，但它却无法拯救榆树。寄希望喷雾器能够拯救榆树的幻想是引人误入歧途的危险诱惑，它正在把一座又一座的村镇拖入了花费巨大的沼泽中，而且不能获得持续的效果。在康涅狄格州的格林威治，人们有规律地喷洒了十年农药。然而有一年的干旱为甲虫提供了特别有利的繁殖条件，榆树的死亡率上升了十倍。在伊利诺斯州大学的所在地伊利诺斯州的厄巴纳，荷兰榆树病最早出现于 1951 年。人们在 1953 年进行了喷洒化学药物的行动。到了 1959 年，尽管已经进行了六年的喷洒，但学校校园仍然失去了 86%的榆树，其中一半是荷兰榆树病的牺牲品。

在俄亥俄州托来多城，同样的情况促使林业部的管理人约瑟夫 A. 斯文尼对喷洒化学药物这种方式转变为持有现实主义的态度。那儿从 1953 年开始喷洒化学药物，一直持续到 1959 年。斯文尼先生注意到在喷药以后，葡萄绵蚧开始更大规模地蔓延开来，而这种喷洒化学药物的方式一直是被“书本和权威们”推荐的。他决定亲自去检查通过喷洒化学药物解决荷兰榆树病的结果究竟如何。他震惊地发现，在托来多城，仅仅是那些采取果断措施移除染病的树的地区才控制了榆树病，而那些依靠化学喷药的地方反而未能控制住。而在美国的那些没有进行过任何化学药物处理的地方，榆树病并没有像在托来多城里蔓延得那样迅速。这一情况表明喷洒化学药物的行为消灭了榆树病所有的天然敌人。

“我们正在放弃对荷兰榆树病喷洒化学药物。这样我就和那些支持美国农业部主张的人产生了分歧，但是我有事实依据，我令他们陷入为难的境地。”

很难理解为什么这些中西部的城镇（这些城镇仅仅是在最近才出现了榆树疾病）竟然没有对曾经出现过同样情况、有经验的地区进行认真调查就如此激进的、不加考虑的加入了这一昂贵的喷药计划。比如说，纽约就对控制荷兰榆树病有相当丰富的经验，它在很早的时候就有过同样的经历。早在大约 1930 年，带病的榆木就是经由纽约港进入美国的，这种疾病也就随之传入。有关控制和消除这种疾病的记录至今在纽约州仍可以找到，这是令人难以忘怀的。而且，这种控制方法并没有依赖喷洒化学药物。事实上，该州的农业局并不推荐地区采用喷洒化学药物的控制方法。

那么，纽约州是如何能够取得这样亮眼的成绩呢？从早期为了保护榆树而斗争开始直到现在，该州一直采用严格的防卫措施，即迅速转移和毁掉所有得病的或已受感染的树木。开始的效果并不尽如人意，原因是刚开始的时候，人们并没有意识到不仅要把有病的树木销毁，而且应该把有可能已有甲虫在其中产卵的所有榆树全部毁灭。人们砍伐受感染的榆树，然后劈成柴火存放起来，但如果在开春之前没有烧掉，那么这些柴火中就会产生很多带菌的甲虫。从冬眠中醒来并在四月末和五月觅食的成熟甲虫可以传播荷兰榆树病。纽约州的昆虫学家们对于传播疾病具有真正重要意义的究竟是怎样的木材已掌握了经验。通过把这些危险的木材收集起来，就有可能不但获得好的控制效果，而且只花费较少的防卫计划的经费。到了 1950 年，纽约市的荷兰榆树病的发病率降低到 0.2%，这座城市总共有 55，000 棵榆树。1942 年，威斯切斯特郡发动了一场防卫运动。在其后的 14 年里，每年平均损失榆树的比例仅为 0.2%。因为开展了防卫工作，拥有 185，000 棵榆树的水牛城近年来损失比例仅为 0.3%，这是一个了不起的成就。假若按照这样的损失程度换算，那么要花费 300 年的时间，水牛城的全部榆树才会消失不见。

在锡拉库扎发生的事情令人印象特别深刻。1957 年之前，在那儿一直没有有效的控制计划付诸实施。1951 年至 1956 年间，锡拉库扎失去将近 3000 棵榆树。那时候，在纽约州州立大学林学院的霍尔德 C. 米勒的指导下，一场全力消灭所有患病的榆树和以榆树为食甲虫的一切可能来源的运动轰轰烈烈地进行着，现在，榆树损失的比例已降到了每年 1%。

在控制荷兰榆树病方面，纽约州的专家们重视预防方法是否经济。纽约州农学院的 J. G. 玛瑟斯说："在绝大部分情况下，实际开销是很少的。""这是一种减少财产损失和避免人身伤害的预防性措施。如果哪根树枝已死去或已得病，那么最终会将这根树枝除掉。如果它被劈成了一堆柴火，那么就应该将树皮剥掉，或将这些木头贮存在干燥的地方，而且应该在春天到来之前将它们烧完。因为在大城市里，大部分死去的树木最后都是要被消灭的，所以对于正在死去或已经死去的榆树来说，为了防止荷兰榆树病的传播而迅速消灭所有患病榆树所花的钱并不比以后要花的钱多。"

如果能够采取明智又理性的处理方法，防治荷兰榆树病并不是完全无望。只要荷兰榆树病在一个群落中稳定下来，现在任何已有的方式都不能将它消灭，只能采取防护措施将它控制在一定范围内而不蔓延，那些毫无效果又会导致鸟类毁灭的方法是不应该被采纳的。还有其他的可能性存在于森林发生学的领域中，在此领域里的实验中，一种新的希望和可能性诞生了，那就是培育一种杂种榆树来抵抗荷兰榆树病。欧洲榆树抵抗力很强，人们在华盛顿哥伦比亚区已经种植了许多抵抗能力很强的欧洲榆树。即便在城市里大部分榆树都被荷兰榆树病侵袭时，欧洲榆树中也并未发现这种疾病。

那些正在大量失去榆树的村镇应该考虑实施一个紧急的移植欧洲榆树的育林计划。这非常重要，而且这些计划一定要包含抵抗力强的欧洲榆树，不过也应该种植其他种类的树木，保持多样性，这样一来，未来的某场传染病就不会毁灭一个地区所有的树木了。正如英国生态学家查尔斯·埃尔顿所提倡的，一个健康的植物或动物群落关键在于"保持多样性"。现在正在发生的一切很大程度上都是因为在过去几代中使生物单纯化造成的。甚至在一代之前，还没有人知道在大片土地上种植单一种类的树木会招来灾难。于是所有城镇的街道和公园都被排列得整整齐齐的榆树装点着；如今，榆树死了，鸟儿也死了。

另外一种生活在美国的鸟类和知更鸟一样，看来也快要濒临绝灭了，这种鸟就是象征着国家的鹰。在过去十年中，鹰的数量在惊人的减少着。事实证明，鹰的生活环境中的某些原因导致了这种情况的发生，这些因素实际上已经毁坏了鹰的繁殖能力。现在还无法确定究竟是什么原因，但是已有一些证据能够证明杀虫剂难辞其咎。

在北美被人们研究得最彻底的鹰是那些过去沿着佛罗里达西海岸从

坦帕到迈尔斯堡上筑巢的那种鹰。一位从温尼伯退休的银行家查尔斯·布罗勒在1939—1949年标记了1000多只小秃鹰，他因此在鸟类学上获得了极大的荣誉。（在这之前，历史上只有166只鹰被作过标记。）布罗勒在鹰离开自己巢穴的那个冬天给幼鹰作了标记，以后发现，这些在佛罗里达出生的鹰会沿着海岸线向北飞抵加拿大，最远到达爱德华王子岛；之前人们一直认为这些鹰是不迁徙的。秋天时，它们又飞回南方，在宾夕法尼亚州东部的霍克山顶这样有利的位置，它们的迁徙活动能被好好的观察。

在布罗勒先生标记鹰的最初几年里，他在自己选择的作为研究对象的这段海岸带上，在一年时间内常常能发现125个有鸟的鸟窝。每年被标记的小鹰数量约为150只。1947年，新生的小鹰数量开始下降，一些鸟窝里不再有鸟蛋，有些有鸟蛋的鸟窝里却没有小鹰孵出来。1952—1957年，大约80%的鸟窝已经孵不出小鸟了。在这段时间的最后一年里，仅有43个鸟窝里面还有鸟。其中7个鸟窝里孵出了8只小鹰；23个鸟窝里有鸟蛋，但孵不出小鹰；13个鸟窝只不过是成年鹰觅食时暂时停歇的地方，里面没有鸟蛋。1958年，布罗勒先生沿着海岸长途跋涉100英里后才发现了一只小鹰，并给它作了标记。在1957年时还可以在43个鸟窝里看到大鹰，但现在已经很难看到了，他仅在10个鸟巢里看到大鹰。

尽管这个颇有价值的连续系统观察在1959年布罗勒先生去世时终止，但由佛罗里达州奥特朋学会，还有新泽西州和宾夕法尼亚州所写的报告证实了这种现象和发展趋势，而这种趋势极可能迫使我们去寻找一种新的国家象征。莫里斯·布朗（霍克山禁猎区管理人）的报告特别引人注目。霍克山是宾夕法尼亚州东南部的一个风景如画的山脊区，阿巴拉契亚山最东部的山脊在那里形成了阻挡西风吹向沿海平原的最后一道屏障。

碰到山脉的风偏斜向上吹去，所以在秋天的许多日子里，在这里持续上升的气流的帮助下，阔翅鹰和鹫鹰不需要花费多大力气就可以一飞冲天，这使得它们在向南方的迁徙中容易许多，一天能飞很长的距离。山脊都在霍克山区汇集，而空中的航道也在这里汇集。飞向北方的鸟儿都在这个狭窄的通道聚集。

作为禁猎区的管理人，莫里斯·布朗在二十多年的时间里观察并记录下来的鹰比任何一个美国人都多。秃头鹰迁徙的高峰期是在八月底和九月初。人们认为这些鹰是在北方度过夏天后返回家乡的、出生在佛罗里达的鹰。深秋和初冬时期，一些体型更大的鹰会从这里飞过，它们可能是北方的一种鹰，在设立禁猎地区的最初几年（1935—1939 年）里，莫里斯·布朗观察到的鹰中有 40%的鹰是一岁大的，这点很容易从它们同样的暗色羽毛上辨认出来。但在最近几年中，这些还没成熟的鸟儿已经变得罕见了。在 1955—1959 年间，这些幼鹰仅占总数的 20%；而在 1957 年这一整年中，32 只成年鹰里仅能看到一只幼鹰。

人们在其他地方的发现也与在霍克山的观察结果相同。伊利诺斯州自然资源协会一位名为埃尔顿·佛克斯的官员也做出了同样的报告。可能在北方筑巢的鹰会在密西西比河和伊利诺斯河沿岸过冬。1958 年，佛克斯先生报告说，在他最近进行的统计中发现 59 只鹰中仅有一只幼鹰。世界上唯一的鹰禁猎区——萨斯奎汉纳河的约翰逊岛山也立刻出现了该物种正在灭绝的相同征兆。这个岛虽然仅距离科纳温戈坝上游区 8 英里、离兰开斯特郡海岸大约半英里，但它仍然保留着自己原始的状态。从 1934 年开始，兰开斯特的一个鸟类学家兼禁猎区的管理人赫伯特 H. 贝克教授就一直对这儿的一个鹰巢进行观察。1935 年到 1947 年间，伏窝的情况是规律的，并且都是成功的。从 1947 年起，虽然成年的鹰占了窝，并且下了蛋，但却没有幼鹰出生。

约翰逊山岛上的情况与佛罗里达的一样，同样的问题在岛上四处发生：一些成年的鸟栖息在窝里，生下了一些鸟蛋，但却几乎没有幼鸟出生。如果要为这种现象找到一个原因的话，那么看来只有一种原因可以解释发生的所有事实，那就是鸟类的生殖能力在某种环境因素的影响下降低，导致现在已经没有幼鸟诞生，种类难以延续下去了。

著名专家——美国鱼类及野生物服务处的詹姆斯·德威特博士所进行的多项实验表示，其他鸟类中也出现了同样的、因人为干涉而导致的情况。在德威特博士进行过的测试一系列杀虫剂对野鸡和鹌鹑产生的影响效果的经典试验证明了这样一个事实，即在 DDT 或类似化学药物对鸟类双亲还未造成明显毒害之前，可能已经严重地影响了它们的生殖能力。虽然会有不同的途径影响鸟类，但最终结果却是一样的。比如，在饲养过程中，将 DDT 加入鹌鹑的食物中，鹌鹑仍然活着，甚至看似正常的下了很多蛋，但几乎没有能够孵出幼鸟的蛋。德威特博士说："许多胚胎在孕育的早期阶段发育得很正常，但在孵化阶段却死去了。"这些孵化的胚胎中有一半以上是在五天内死去的。在用野鸡和鹌鹑作为研究对象的实验中，如果全年都用含有杀虫剂的饲料来喂养它们，那么无论如何，野鸡和鹌鹑也生不出蛋来。加利福尼亚大学的罗伯特·路德博士和理查德·杰那利博士的报告中也记录了同样的发现：当野鸡吃了含有狄氏剂的食物时，"鸡蛋的产量明显减少，小鸡也很难存活。"根据这些报告所记录的，狄氏剂在蛋黄中累积下来，之后在孵卵期和孵化之后被渐渐吸收，虽然变化是缓慢的却是致命的。

华莱士博士和一个研究生理查德 F. 伯纳德的最新研究结果强有力地支持了这个观点，他们在密歇根州立大学校园里的知更鸟体内发现了高含量的DDT。他们在所检查的所有雄性知更鸟的睾丸里、在正在发育的蛋囊里、在雌鸟的卵巢里、在已发育好但还未出来的蛋里、在输卵管里、在从被遗弃的鸟窝里取出来的还未孵出的鸟蛋里、在这些鸟蛋的胚胎里、在刚刚孵出但已死去的雏鸟里都发现了这种毒素。

这些重要的研究证明了这样一个事实，哪怕生物摆脱了与杀虫剂的初期接触，杀虫剂的毒性也能影响下一代。致命的真正原因是毒素在鸟蛋和为发育中的胚胎供给营养的蛋黄中累积储存，而这也足以解释为什么德威特看到那么多鸟儿在蛋壳中死去或在孵出后几天里就死去了。

虽然在把这些研究实验运用到鹰上时碰到了几乎难以克服的困难，但野外研究却依旧在佛罗里达州、新泽西州和其他一些希望能够对发生在这么多鹰中明显的不孕症找出确切原因的地方进行着。根据各种实际情况进行判断，原因都指向了杀虫剂。在鱼很多的地方，鱼是鹰的主要食物（在阿拉斯加州约占65%；在切萨皮克湾地区约占52%）。毋庸置疑，布罗勒先生长期研究的那些鹰中的绝大多数都是以鱼为食物的。1945年以来，这个特定的沿海地区一直被溶解于柴油的DDT反复喷洒着。这种空中喷药的主要目标对象是盐沼中的蚊子，这种蚊子生长在沼泽地和沿海地区——这些地方正是典型的鹰捕食的区域。在空中喷药后，大量的鱼和蟹被杀死了。实验人员从它们的尸体里发现了浓度高达百万分之四十六的DDT。清水湖中的鸊鷉因为吃了湖里的鱼而使自身体内的杀虫剂累积到很高的浓度，如同这些鸊鷉一样，这些鹰也在自己体内组织中储存了DDT。同样的情况是，野鸡、鹌鹑和知更鸟在生育幼鸟上越来越困难，越来越难将自己的种类繁衍下去了。

对于鸟儿在我们现在世界中面临的危险，全世界已发出了响亮的共鸣。虽然这些报告在细节上有所不同，但核心内容报告的都是——在使用农药之后野生生物死亡。例如，在法国，人们用含砷的除草剂处理葡萄树残枝之后，几百只小鸟和山鹑死去了；或是在曾经一度以鸟类种类繁多而闻名于世的比利时，因为人们对农场喷洒化学药物而使山鹑遭遇不幸。

英国面临的重要问题看起来有些特殊，它是和人们越来越多的在播种前用杀虫剂处理种子的行为相联系的。对种子进行处理并不是最近才出现的，但在早期，主要使用的药物是杀菌剂，对鸟儿的影响一直没有出现，然而到了 1956 年，一种试图达到双重目的的处理方法代替了老办法，杀真菌剂、狄氏剂、艾氏剂或七氯都被加进来用来对付土壤中的昆虫。于是情况变得糟糕了。

1960 年春天，有关鸟类死亡的报告如洪水一般涌入英国野生生物管理局，其中包括英国鸟类联合公司、皇家鸟类保护学会和猎鸟协会。一位诺福克的地主的报告写道："这个地方像一个刚刚打完仗的战场，管理人员发现了无数的尸体，其中包括许多小鸟——花鸡、金翅雀、红雀、篱雀、还有家雀……野生生命正在遭遇着悲惨的毁灭过程，太悲伤了。"一位猎场管理人写道："我的松鸡已被用化学药物处理过的谷物杀死了，还有野鸡和其他鸟类，成百上千只鸟儿全被杀死了……对我这个一辈子都在猎场看守的人来说，这真是一件令人痛心的事。看到许多对山鹑死在一起是十分悲哀的。"

在一份联合报告中，英国鸟类联合公司和皇家鸟类保护学会记录了 67 例鸟儿被害的事件——这一数字远远少于 1960 年春天死亡鸟儿的完全统计数。在此 67 例中，59 例的死亡是因为吃了被化学药物处理过的种子导致的，8 例是因为喷洒化学毒药导致的。

第二年出现了一个使用化学毒药的新高潮。众议院接到报告说，在诺福克的一片地区中有 600 只鸟儿死去，并且在北易赛克斯的一个农场中发现了 100 只死野鸡。结果很快就表现出来了，与 1960 年相比，更多的县郡已被卷进来了。（1960 年是 23 个郡，1961 年是 34 个郡。）看起来，以农业为主的林肯郡受害最严重，已报告有 10，000 只鸟儿死去。然而，从北部的安格斯到南部的康沃尔，从西部的安哥拉斯到东部的诺福克，整个英格兰农业区都已蒙上了毁灭的阴云。

1961 年春天，这个问题已经引起了人们的极大关注，严重程度竟使众议院的一个特别委员会开始对该问题进行调查，他们要求农民、土地所有人、农业部代表以及各种与野生生物有关的政府和非政府机构都出庭做证。

一位目击者说："鸽子突然从天空中掉下来，死去了。"另一个人报告说："在伦敦市外开车行驶一二百英里居然看不到一只茶隼。"自然保护局的官员们做证："在本世纪或在我所知道的任何时期中从没发生过类似的情况，这是发生在这个地区最大的一次对野生生物和野鸟的迫害。"

对这些死鸟进行化学分析的实验设备极其匮乏，这片农村里仅有两名化学家能够进行这种分析——一位是政府的化学家，另一位是皇家鸟类保护学会的工作人员。目击者描述了焚烧鸟儿尸体的烈火熊熊燃烧的情景。尽管如此，化学家仍然积极努力地搜集鸟儿的尸体进行实验分析，检验结果表明，仅除一只沙锥鸟——这种不吃种子的鸟外，所有鸟儿体内都含有农药的残毒。

可能是因为间接吃了有毒的老鼠或鸟儿，狐狸也和鸟儿一样受到了影响。被兔子烦扰的英国非常需要狐狸来捕食兔子。但在 1959 年 11 月到 1960 年 4 月间，至少有 1300 只狐狸死了。在那些捕雀鹰、茶隼及其他被捕食的鸟儿实际上已无踪影的县郡里，狐狸的死亡情况最为严重，这种情况说明毒素是通过食物链传播的，毒素从吃种子的动物身上传到长毛和长羽的食肉动物体内。奄奄一息的狐狸在惊厥而死之前总是神志不清的垂耷着双眼胡乱兜着圈子四处晃荡。这种症状就是氯代烃杀虫剂中毒的动物所表现出来的样子。

所听到的一切让该委员会非常确信这种对野生生命的威胁已经“非常严重”，所以该委员会劝告众议院要“农业部长和苏格兰州秘书应该立即采取措施马上禁止使用含有狄氏剂、艾氏剂、七氯或毒性相当的化学药物来处理种子。”与此同时，该委员会也推荐了许多控制方法以保证化学药物在市场上流通之前都要经过充分的野外实用和实验室试验。值得强调的是，这是所有地方在研究杀虫剂上的一个很大的空白点。人们一般用普通实验动物，如老鼠、狗、豚鼠而不是使用野生动物，如鸟儿、鱼进行生产性实验；并且这些实验是在人为控制的条件下进行的。这些试验结果对于生活在野外的野生生物并不能保证正确无误。

英国绝不是唯一一个因为处理种子而出现鸟类生存问题的国家。在我们美国，在加利福尼亚及南方种植水稻的区域，这个问题一直极其令人烦恼。多少年以来，加利福尼亚种植水稻的农民为了对付那些有时损害稻秧的蝌蚪虾和清道夫甲虫，一直使用 DDT 来处理种子。因为在稻田里经常有许多水鸟和野鸡聚集在一起，所以加利福尼亚的猎人们过去经常能为他们捕猎获得的辉煌成果而欢欣雀跃。但是在过去的十年中，有关鸟儿死亡的报告，特别是野鸡、鸭子和黑唱鸫死亡的报告不断从种植水稻的县郡传来。“野鸡病”已人尽皆知，一位观察家报告：“这种鸟儿到处找水喝，但它们已经瘫痪了，它们在水沟旁和稻田梗上颤抖着。”这种“病”发生在稻田播下种子的春天，所使用 DDT 的浓度是足以杀死成年野鸡的药物浓度的很多倍。

几年过去了，毒性更加剧烈的杀虫剂被发明出来，因此，由于处理种子不当所造成的危害更加严重了。对野鸡来说，艾氏剂的毒性是DDT的100倍，如今已被广泛应用。在得克萨斯州东部水稻种植地区，这种行为已导致茶色树鸭——一种沿墨西哥湾海岸分布的黄褐色的、像鹅一样的野鸭。我们确实有理由认为，那些已使黑唱鸫数量减少的水稻种植者们现在正努力用杀虫剂去消灭那些生活在产稻地区的其他鸟类。

对那些让我们人类烦恼或我们人类不喜欢的生物大开杀戒使得越来越多的鸟儿已经不仅仅只是化学药物使用的意外受害者，它们已成为化学毒物直接的消灭目标了。从空中喷洒类似对硫磷这样致命的毒物越来越流行，其目的是"控制"农夫们不喜欢的鸟类。对这个发展趋势，鱼类和野生物服务处已经感到有必要着重关注，它指出——用来进行区域处理的对硫磷已对人类、家畜和野生生物造成了致命的威胁。例如，在印地安纳州南部，1959年夏天，一群农民租用了一架喷药飞机在河边低洼地喷洒对硫磷。对于在庄稼地附近觅食的几千只黑唱鸫来说，这一地区是理想的栖息地。这个问题本来是很容易解决的，只需稍稍改变一下农田布局——换一种黑唱鸫够不到的麦子就可以了，但是那些农夫却对用毒药伤害生物的方法深信不疑，所以他们雇用喷药飞机来执行杀死鸟儿的任务。

喷药导致的结果可能令这些农民心满意足，因为在死亡清单上已有约65，000只红翅黑唱鸫和八哥。至于其他那些被忽略了的、没有报道的野生生物的死伤情况如何，就无人知晓了。对硫磷不只对黑唱鸫起作用，它是一种普遍的毒药，它也能对那些有可能来到这个河边低洼地散步的野兔、浣熊或负鼠起作用，这些动物也许从来没有伤害过这些农民的庄稼，但它们却被法官和陪审团判了死刑，这些法官既不知道这些动物的存在，也无视它们的生死。

而对人类又造成了怎样的结果呢？在加利福尼亚喷洒了这种对硫磷的果园里，那些与一个月前被喷过药的叶丛接触的工人们病倒了，并且病情严重，他们在全力治疗下才得以死里逃生。印地安纳州是否也有那些喜欢穿过森林、在田野里游玩，甚至到河流中探险的孩子们呢？如果有，那么有谁在这些中毒的区域内高高举起严禁入内的标识以防那些想要探索原始大自然的孩子们不小心闯入呢？有谁在警惕地守卫在那些地方以告诉那些无辜的游人他们准备进入的那片田野是有致命毒害的呢？这些田地里种植的蔬菜都已蒙上了一层致命的药物薄膜。但是没有任何人阻止这些农夫，告诉他们，他们冒着如此巨大的风险，发动了一场对付黑唱鹩的、不必要的战争。

在所有的这些现实情况中，人们都无视和回避认真考虑这样一个问题：是谁作了这个决定？就如同将一块小石头投入了平静的池塘激起波纹，这个决定使得这些中毒的连锁反应一环扣一环的发作起来，死亡的涟漪不断扩散开去。是谁在天平的一边放上了一些可能被某些甲虫吃掉的树叶，而在天平的另一边放上了一堆堆各种颜色羽毛？那些羽毛是被杀虫剂无甄别毒死的鸟儿们的遗物。是谁不和千百万的人民商量就做出了决定？是谁有权利认为一个没有昆虫的世界是高尚纯洁的，哪怕这个世界因为鸟儿耷拉的翅膀和脑袋而变得黯淡无光？这个决定是一个被暂时委以权力的独裁者做出的；他无视千百万人的诉求做出了这个决定，而对千千万万的人来说，大自然的美丽和秩序仍然具有重要意义，这种意义深刻而必要。

九 死亡之河

大西洋绿色海水的深处有许多鱼类巡游的小路通向海岸。尽管这些小路看不见，摸不着，它们是由来自陆地河流的水体的流动形成的。几千年来，鲑鱼已经熟悉了这些由淡水形成的水线，并能沿着这些水线返回河流。每条鲑鱼都要回到它们曾经度过生命最初阶段的那些小支流里去。1953 年的夏秋季节，一种在新不伦瑞克被称为“米罗米奇”的河鲑从遥远的大西洋觅食地带回来了，回到了它们故乡的河流，那儿有许多在绿树掩映之下的溪流组成的河网，鲑鱼在秋天时将卵产在河床的沙砾上，从河床上流过的溪水细柔又清凉。云杉、香脂树仙、铁杉和松树在这里形成了巨大的针叶林区，此处为鲑鱼提供了适合产卵的地方，使它们能够繁衍。

这种情况从很久以前一直到现在都如此不断地重复着。美国北部有一条名为米罗米奇的河流，那儿出产的鲑鱼总是最好的，那里的情况就一直如此。但到了 1953 年，这一情况被破坏了。

秋冬时节，大个头的、带有硬壳的鲑鱼卵被产在满是沙砾的浅槽中，这些浅槽是雌鱼在河底挖好的。在寒冷的冬天，鱼卵发育缓慢，按照它们的规矩，只有在春天，当林中的小溪完全融化时，小鱼才会孵化出来。

刚开始，它们藏于河底的石子间，小鱼只有半英寸长，它们不吃东西，只靠一个大卵黄囊生存。直到这个卵黄囊被吸收完了，小鱼才开始到溪流中去找小昆虫吃。

1954 年春天，新的小鱼孵出来了，米罗米奇河中既有一两岁的鲑鱼，也有刚孵出来的幼鱼。这些小鱼穿着由鲜艳红色斑点装饰着的绚丽外套，它们搜寻着、贪婪地吃着溪水中各种各样的奇怪昆虫。

当夏天来临时，这一切开始发生变化。前一年中，一个庞大的喷洒化学药物计划覆盖了米罗米奇河西北部流域。为了拯救森林、避免云杉芽虫——一种侵害多种常绿树木的本地昆虫的伤害，加拿大政府已经实行了一年这个计划。在加拿大东部，大约每隔 35 年这种昆虫就要大爆发一次。在二十五十年代初期，已能看出这种芽虫幼虫的数量正在不断攀升到高峰的端倪。人们为了消灭它们，开始喷洒 DDT；起初在一个小范围内喷洒，到 1953 年时突然扩大了范围。人们为了拯救作为纸浆和造纸工业原料的凤仙树，不再像从前那样只在几千英亩森林中喷洒药物了，而是将药物洒向了几百万英亩的森林。

于是，1954 年 6 月，喷洒药物的飞机光临了米罗米奇西北部的林区，白色烟雾状的药水在天空中画出了飞机飞行的轨迹。每英亩土地喷洒了 0.5 磅溶解于油的 DDT，药水在香脂树森林中渗落，其中一些最后落到地面并进入溪流。飞行员们只关心是否完成喷洒任务，并没有在喷洒时尽量避开河流或在飞机飞过河流上空时关闭喷药枪管。不过实际上，哪怕在很微弱的气流中，这些喷洒物也能随之飘散很远，因此即便是飞行员特别注意了，结果也不会有多少改变。

喷洒行动刚一结束，一些毫无疑问的糟糕迹象就显现出来了。两天之内，人们就在河流沿岸发现了已死的和垂死的鱼，其中包括许多幼鲑鱼。死鱼中也出现了溪鳟鱼。道路两旁和树林中的鸟儿也正朝着死亡走去。河流中的一切生物都沉寂下来了。在喷洒药物之前，河流中一直有丰富多彩的各种各样的水生生物，它们是鲑鱼和鳟鱼的食物。这些水生生物中有石蛾幼虫，它们居住在一个用黏液胶结起来的、由树叶、草梗和沙砾组成的松散而又舒适的保护体中。河流中还有在涡流中紧贴着岩石的飞石虫蛹；还有在浅滩岩石或溪流从斜石上流下来的地方生长的黑蝇幼虫。但是现在小河中的昆虫都已被 DDT 杀死了，幼鲑再也没有什么可以吃的东西了。

在这样一个死亡和毁灭的环境中，难以期望幼鲑能够幸免于难。到了八月，没有一条幼鲑在它们春天逗留过的河床沙砾上出现。一岁或更大一点的小鲑鱼受到的伤害稍微轻一点。在飞机飞过的小河中，1953 年孵出的鲑鱼只有六分之一留下来；而 1952 年孵出的鲑鱼几乎全部入海，留下的数量更少。

全部事实能够为世人所知要归功于加拿大渔业研究会从 1950 年起一直致力于米罗米奇西北部的鲑鱼研究。这个学会每年都对生存在这条河流中的鱼类进行一次调查。生物学家记录了当时河流中可产卵的成年鱼数量、各种年龄段的幼鱼数量、鲑鱼和其他生活在这条河流中的鱼类的正常数量。正因为对喷洒药物之前的情况有完整的记录，人们才能准确无比的测定喷洒药物所造成的损失。

这一调查不仅使人们清楚了幼鱼受伤的情况，而且还查出了这条河流本身发生的严重变化。反复的喷洒药物已经彻底改变了河流的环境，作为鲑鱼和鳟鱼食物的水生昆虫已被杀死。哪怕在单独一次喷洒药物之后，要使这些昆虫中的大多数再次大量繁殖以充分供给正常数量的鲑鱼的食物也需要相当长的时间，这个时间不是以月计，而是以年计。

类似蛟蚋、墨蚊虫这样的小昆虫恢复起来较快，它们是仅几个月大的最小鲑鱼的最佳食料。但是第二年、第三年的鲑鱼赖以为生的、稍大点儿的水生昆虫则不可能这么快恢复，这些昆虫是蛴螬、硬壳虫和五月金龟子的幼体。甚至在 DDT 进入河流一年之后，除了偶然出现的小硬壳虫外，觅食的幼鲑仍然很难找到更多别的食物。为了能让这些天然的食物快速增长，加拿大人正在努力将石蛾幼虫和其他昆虫移植到米罗米奇这片贫瘠的区域中来。但显而易见的是，这种迁移仍无法避免地遭受又一次喷洒药物的伤害。

芽虫的数量不但没有像人们预期的那样减少，它们的抵抗力反而更强了；从 1955 年到 1957 年，人们多次在新不伦瑞克和魁北克的各个地区喷洒药物，人们甚至在有些地区喷洒了三次。到 1957 年时，已有将近 1500 万英亩的土地被喷洒了化学药物，而且喷洒工作一旦暂时停止，芽虫就急骤繁殖起来，以致发生了 1960 年和 1961 年那种急剧增加的情况。确实，没有任何地方有迹象表明对芽虫实施喷药计划只能取得暂时性的效果，所以喷药计划还在进行，人们也开始察觉到喷药的副作用了。为了使化学药物对鱼类的危害降低到最低程度，加拿大林业局已下令将 DDT 的投放量由从前的每英亩 0.5 磅降低到 0.25 磅，以求符合渔业研究会推荐的标准。（在美国，每英亩施用标准和最高致死量仍未改变。）在观察了几年喷药效果后，一种令人半喜半忧的情况出现在他们面前，但如果继续喷药计划，对于那些捕捉鲑鱼的人来说不是什么好消息。

一系列古怪事件将米罗米奇西北部从正在走向毁灭的过程中拯救出来，这个事件究竟多么的引人注目已不再是问题的中心，知道究竟在这片地区发生了什么和发生的原因是最重要的。

如我们所知，1954 年，人们在米罗米奇这一支流流域内喷洒了大量化学药物；此后，人们仅在1956年对流域内的一个狭窄地带喷洒了化学药物，除此之外，这个流域再没有被喷洒过化学药物。1954年秋天，一场热带风暴影响了米罗米奇鲑鱼的命运。猛烈的风暴——埃德娜飓风到达了它北上路线的终点，给新英格兰和加拿大海岸带来了倾盆暴雨。由此引起的洪流与河流形成的淡水奔腾入海，因而引来了超乎寻常的多的鲑鱼。其结果就是，异常多的鱼卵产在了鲑鱼的产卵地——河流的沙砾河床上。1955年春天在米罗米奇西北部孵出的幼鲑鱼发现这儿的条件非常有利于它们生存：当DDT杀死河中所有的昆虫一年后，幼鲑的一般食物——最小的蛟蚋和墨蚊已恢复其数量。这一年出生的幼鲑发现，自己不仅拥有大量的食物，而且几乎没有什么竞争者，因为稍大一些的鲑鱼已在1954年被喷洒的化学药物杀死。因此，1955年的幼鲑长得特别快，而且数量也异常的多。它们很快结束了在河流中的生长，并早早入海。1959年，这批鲑鱼中的许多鱼重返河流，并在故乡的溪流中产出大量的幼鲑。

相对而言，米罗米奇西北部幼鲑能够变多还是一个好情况，那是因为这儿仅仅只被喷洒了一年的化学药物。多年反复喷洒化学药物的结果已在该流域的其他河流中清楚地显现出来——那儿鲑鱼数量减少的程度令人震惊。

在所有喷洒过化学药物的河流里，无论大的还是小的幼鲑，数量都很少。生物学家报告说，最年幼的鲑鱼“实际上已被彻底消灭”了。1956年和1957年，米罗米奇西南的所有地区都被喷洒了化学药物，1959年孵出的小鱼是十年中最少的。渔夫们纷纷议论着，洄游的幼鲑急剧减少。在米罗米奇江口的样品采集处，1959年的幼鲑数量仅相当于从前的四分之一。1959年，整个米罗米奇流域鲑鱼的产量仅为60万条两岁大的小鲑鱼

（这是正迁移入海的小鲑鱼）。这个数量比三年前的三分之一还要少。

面对这个残酷的基本情况，新不伦瑞克的鲑渔业的未来只能寄希望于未来能够有一种代替 DDT 的物质对着森林喷洒。

加拿大东部的情况没有什么特殊，唯一不同的就是已被喷洒药物的森林的面积很大，所以采集到的一手资料多。缅因州也有云杉和香脂树森林，同样也存在控制森林昆虫的问题。缅因州同样也有鲑鱼洄游的问题，洄游的鲑鱼已只是曾经大量洄游的鲑鱼的一小部分了。不过，因为河流受到工业污染，所以河中残存的鲑鱼仅仅依靠生物学家和保护主义者的工作是难以存活下去的。尽管这里也使用喷药的方式作为武器来对付无处不在的蚜虫，但受到影响的区域已经明显变小了，甚至对鲑鱼产卵的重要河流也没有影响。但缅因州内陆渔业狩猎局观察到的情况可能是一个未知的先兆。

该部门报告：在 1958 年喷洒化学药物之后，立刻在大哥达德小溪中发现了大量濒临死亡的鲤鱼。这些鱼表现出典型的 DDT 中毒症状，它们游动的方式稀奇古怪，它们露出水面喘气、战栗和痉挛。在喷洒药物后的前五天内，人们就在两个河段的渔网中收集到了 668 条死鲤鱼。小哥达德河、卡利河、阿德河和布雷克溪中也有大量的米诺鱼和鲤鱼中毒而亡，人们经常可以看到奄奄一息、濒临死亡的鱼儿无力地顺着水流漂荡着。有时，在喷洒药物后的一周，仍然可以看到瞎眼的和快要死了的鳟鱼漂流而下。

许多研究工作已证明 DDT 可以让鱼变瞎。1957 年，一个在北温哥华对喷洒化学药物的行为进行观察的加拿大生物学家报告说，人们现在可以徒手在河中轻松抓到原本相当凶猛的鳟鱼，这些鱼行动迟钝，也不逃跑。经调查，它们的眼睛已蒙上了一层使它们的视力减弱或完全丧失的不透明的白膜。加拿大渔业部进行的实验表明，实际上，几乎所有的鱼（银鲑）不会被低浓度的DDT（百万分之三）杀死，但会出现水晶体不透明的眼盲症状。

但凡在有大森林的地方，控制昆虫的现代方法都威胁着树荫下鱼类赖以生存的溪流。1955年，在美国，一个最著名的有关鱼类毁灭的例子发生了，这是在黄石国家公园及其附近地区使用农药造成的后果。那年秋天，在黄石河中发现了大量的死鱼，这使钓鱼爱好者和蒙塔那渔猎管理处大为震惊。约90英里的河流受到影响，在300码的一段河岸边发现了600条死鱼，其中包括褐鳟、白鱼和鲤鱼。作为鳟鱼的天然饵料的河流昆虫已经消失不见。

林业服务处宣称，他们所规定的每1英亩使用1磅DDT为“安全标准”。然而喷洒药物后的实际结果令人确信这一标准远远不够安全。1956年，一项由蒙大纳渔猎局及两个联邦办事处——鱼类和野生物服务处、森林服务处共同参与的协作研究启动了。这一年在蒙大纳喷洒了90万英亩的土地，1957年又喷洒了80万英亩的土地。因此生物学家们不愁找不到研究对象了。

鱼类死亡的状况总是呈现出一种特定的场景：森林中弥漫着DDT的气味，水面上漂着油膜，河流两岸是死去的鳟鱼。人们对死的或活的所有的鱼进行了分析，发现它们组织中都积蓄着DDT。与加拿大东部一样，喷药导致的最严重的后果是饵料的严重减少。在许多被研究的地区内，水生昆虫和其他河底动物种群已减少到正常数量的十分之一。鳟鱼生存依赖的水生昆虫一旦遭到毁灭后，它们恢复到正常的数量需要很长时间。即使在喷洒化学药物后的第二个夏天，也只有很少量的水生昆虫出现；现在在一个曾经拥有各种各样丰富的底栖动物的河流里几乎看不到什么东西。在这种河段里，捕鱼数量减少了 80%。

当然，鱼不会立刻死亡；事实上，死缓比即刻死亡更加严重。正如蒙大纳生物学家们所发现的，因为死亡延缓了，很多死亡情况发生在捕鱼季节之后，所以鱼的死亡情况可能得不到真实的报道。在所研究的河流中，产卵鱼的大量死亡发生在秋天，其中包括褐鳟、溪鳟鱼和白鱼。这并不奇怪，因为对生物来说——不论是鱼还是人，在其生理高潮期，它们都要积蓄脂肪作为能量来源。由此可知，贮藏于脂肪组织中的 DDT 足以导致鱼的死亡。

因此，我们能够十分清楚的得知，按照每英亩 1 磅 DDT 的比例进行喷洒化学药物对林间河流中的鱼类造成了严重伤害。不过更糟糕的是，控制芽虫的目的一直没有达到，所以许多土地被登记在册要继续接受化学药物的喷洒。蒙大纳渔猎局强烈反对进一步喷洒化学药物，它不愿因为执行喷药计划而对渔猎资源造成威胁，这些计划的必要性和成果是令人怀疑的。该局宣布，自己无论如何都要与森林服务处联合起来“尽量减少喷洒化学药物的副作用的影响”。

但是，这样的合作确实能成功地拯救鱼类吗？在这一问题上，不列颠哥伦比亚曾经取得的经验与这个问题有所相关。在那儿，疯狂繁殖的黑头芽虫已猖獗多年。森林管理处担心，再一次季节性的树叶脱落可能造成树木的大量死亡，于是决定在 1957 年执行芽虫控制计划。它与渔猎局进行了多次商议，但渔猎局管理处更关心鲑鱼的洄游问题。于是，森林生物司表示同意修改原定的喷药计划，并承诺采用各种可能办法消除其影响，以减少对鱼类的危害。

尽管采取了这些预防措施，也有事实表示这些措施有效果，但是，四条河流中的鲑鱼最后几乎还是被全部杀死了。

在其中的一条河里，四万条洄游的成年银鲑鱼中较为年轻的几乎被全部消灭。几千条年轻的虹鳟和其他种类鳟鱼也没有逃脱死亡的命运。银鲑遵守 3 年的循环生活周期，而参加洄游的鱼几乎都是一个年龄段的。和其他类属的鲑鱼一样，银鲑也有着强烈的洄归本能，这能使它们重新回到自己出生的河流。不同河里的鲑鱼不会四处乱窜。这也就是说，只有在管理部门的精心设计下，通过人工繁殖和其他方法来恢复大量产鱼的重要洄游后，鲑鱼才能每隔三年洄游入河。

有一些办法能够既保护森林又保护鱼类。如果我们放任我们的河流都变成死亡之河，那就是屈从于绝望和失败。我们必须更广泛地利用现在已知的、可代替的方法，并且必须激发我们的智慧和启动资源去发掘新的方法。我们可以在记载中找到一些例子，天然寄生性生物征服了芽虫，其控制效果比喷洒化学药物要好，人们可以把这一自然控制方法进行最广泛的推广应用。人们可以使用毒性较低的农药，或是采用更好的办法——引进微生物，这些微生物将在芽虫中引起疾病，而且不影响整个森林的生物结构。我们在本书后面会看到这些可替代的方法是什么，以及它们要求的条件。现在我们应该认识到，对森林昆虫喷洒化学药物既不是唯一的办法，也不是最好的办法。

给鱼类带来生命威胁的杀虫剂可分为三类。从上文我们可以知道，一种是与喷药林区的个别问题有关的杀虫剂，它们已影响到北部森林里洄游河流中的鱼类，这几乎完全是 DDT 作用的结果；另一种是大量的、可蔓延和可扩散的杀虫剂，它们影响到许多不同种类的鱼，如欧洲鲈鱼、翻车鱼、美国翻车鱼、鲤鱼等，这些鱼存在于美国各地的各种水体中，甚至存在于流动水体中，这类杀虫剂囊括了几乎所有现在人们在农业中使用的杀虫剂，但其中只有如异狄氏剂、毒杀芬、狄氏剂、七氯之类的主要杀虫剂能够比较容易地被检验出来；还有另外一个问题现在也必须充分考虑，未来会发生什么？因为揭露真相的研究才刚起步，它们一定与沼泽、海湾和河口中的鱼类有关。

随着新型有机杀虫剂的广泛使用，鱼类世界不可避免地会遭遇到严重摧残。鱼类对氯代烃异常敏感，而大部分近代杀虫剂都是由氯代烃组成的。当几百万吨化学毒剂被喷洒到大地表面时，有些毒素会以各种各样的方式进入到陆地和海洋之间无休止的水循环中。

我们可以经常看到有关鱼类惨遭毒杀的相关报告，以致美国公众健康调查所不得不专门派出工作人员到各州去收集这些报告用来作为判断水资源是否被污染的指标。

这是一个关系到无数人生活的问题。鱼这种生物为将近二千五百万美国人提供了娱乐，另外至少有一千五百万人是钓鱼爱好者。这些人每年在执照、滑车、小船、帐篷装备、汽油和住宿上要花费30亿美元。其他一些使人们痛失娱乐场地的问题也同样会严重影响经济收益。鱼是那些以渔业为生的人的一种重要食物来源，它代表着一种更重要的利益。内陆和沿海渔民（包括海上捕鱼者）每年至少捕获30亿磅鱼。但正如我们所看到的，杀虫剂对小溪、池塘、江河和海湾的污染已给业余的和专业的捕鱼活动带来了严重威胁。

因为向农作物喷洒化学药水或药粉而造成鱼类毁灭的例子随处可见。例如在加利福尼亚州，因为人们企图使用狄氏剂控制水稻潜叶蝇而损失了近六万条可供捕捞的鱼，其中主要是蓝鳃鱼和其他的翻车鱼。在路易斯安那州，因为人们在甘蔗田中使用了异狄氏剂，在1960年一年中就发生了三十多起大量鱼类死亡的事件。在宾夕法尼亚州，人们为了消灭果园中的老鼠使用了异狄氏剂，结果鱼也被大量杀死了。人们在西部高原使用氯丹控制草跳蚤的结果是导致许多溪鱼死亡。

也许没有任何一项计划比在美国南部执行的一个农业计划更加夸张的了，他们为了控制一种火蚁，竟然在几百万英亩土地上广泛喷洒了农药——主要是七氯，它对鱼类的毒性相对于DDT来说稍弱一点。狄氏剂是另一种可以毒死火蚁的化学药物，它因为对所有水生生物毁坏严重而臭名昭著。仅仅是异狄氏剂和毒杀芬就已给鱼类的生命造成很大的威胁了。

无论使用七氯还是使用狄氏剂，在对火蚁存在区域进行控制的每个地方，水生生物都遭受了灾难性的影响。只需从那些地方专门研究危害后果的生物学家们的报告中的只言片语就能看出端倪：得克萨斯州报告说，"尽管为保护运河竭尽全力，但仍有大量水生生物死亡"，"在所有处理过的水域中都出现了死鱼"，"鱼类死亡严重，并且持续超过三星期"；亚拉巴马州报告说"在喷洒化学药物后的几天内，（在威尔科克斯郡）大部分成年鱼都被杀死了"，"在临时性水体和小支流中的鱼类已全部死亡"。

在路易斯安那州，农场主抱怨着农场池塘遭受的严重损失。一条运河中不到四分之一英里的距离内就发现了超过500条死鱼，鱼的尸体漂浮在水面上或倒在岸边。在另一个教区内，原有数量四分之一的150条翻车鱼死掉了。其他的五种鱼类完全被消灭了。

在佛罗里达州，在喷洒过化学药物的地区的池塘中的鱼的体内，人们发现了七氯的残毒和一种次生的化学物质——七氯环氧化物，这些鱼包括有翻车鱼和鲈鱼。众所周知，翻车鱼和鲈鱼都是钓鱼人所喜爱的种类，并且这两种鱼经常出现在餐桌上。而且食品与药物管理处认为，这些鱼体内所含的这些化学物质属于那种人类吞食后的短短几分钟内就能对人体产生极大危害的物质。

很多地区报告说，鱼、青蛙和其他水中生物被杀死了。因此1958年时，美国鱼类学家和爬行类学家协会（这是一个专门研究鱼、爬虫和两栖动物的颇有权威的科学组织）通过了一项决议，它呼吁农业部及其在各州的办事处“在不可逆转的重大损失出现之前，七氯、狄氏剂及此类毒剂的区域性喷洒行为应该停止”。该协会呼吁，那些在美国东南部生活的各种各样的鱼类和其他生物应该受到重视，它们包括那些不曾在世界其他地方出现的种类。该协会还发出警告，说：“因为这些动物中的许多种类只生活在一些很小的区域内，所以它们会被迅速而彻底的消灭。”

南部各州的鱼类也受到了用于消灭棉花昆虫的杀虫剂的严重伤害。1950 年夏季，亚拉巴马州北部产棉区遭受了虫灾。在那年之前，这个地区为了控制象鼻虫，一直在十分有节制地使用有机杀虫剂。但因为连续几个冬天天气都很暖和，所以在 1950 年出现了大量的棉籽象鼻虫，因此，大约有 80%–95%的农民在本地掮客商的鼓动下转而求助于杀虫剂。这些农民最普遍使用的化学药物是毒杀芬，这是一种对鱼类具有相当强效杀伤力的化学药物。

这一年夏天的雨水充沛而集中。雨水将这些化学药物冲进了河里；与此同时，农民为了控制昆虫，将更多的化学药物洒向了田地。在这一年中，平均每英亩农田被喷洒了 63 磅的毒杀芬。有些农民竟在一英亩地里使用了 200 磅之多的杀虫剂；有一个农民竟然在一英亩地里使用了超过四分之一吨的杀虫剂。

杀虫剂导致的结果是很容易预料的。弗林特河在流入惠尔水库之前，在亚拉巴马州农作地区流了 50 英里，在弗林特河中发生的事情在这一地区是比较典型的。8 月 1 日， 大雨在弗林特河流域倾盆而下。这些雨水经由细流、小河和洪流从土地上倾注到河流里，弗林特河水位上涨了 6 英寸。次日清晨，除了雨水之外还有许多其他东西出现在河中。鱼在附近水面上浮游，盲目兜着圈子；一条鱼有时会自己从水里往岸上跳，人们很容易捉到这些鱼。一个农民捡了许多鱼，并把它们放入了泉水补给的水池中。在清洁的水中，一些鱼苏醒过来了。而在河流中，死鱼顺流漂浮而下。但这一次鱼儿的死亡仅是拉开死亡序幕的序曲，因为在以后的每次降雨中，都会有更多的杀虫剂被雨水冲入河流中，然后杀死更多的鱼。8 月 10 日的降雨对整条河流产生了严重的影响，鱼儿几乎全被杀死了。直至 8 月 15 日再次降雨，雨水把毒药冲入河流中时，已经没有什么剩下的鱼类能作为牺牲品了。不过，人们是通过将用作实验物的金鱼笼放入河流后才获得了这种化学物质能造成死亡的证据，金鱼在一天内全都死了。

在弗林特河中遭受灾难的鱼类还包括大量的白烂鱼，这是深受钓鱼者喜爱的鱼类。而在弗林特河水流入的惠尔水库里也发现了大量死去的鲈鱼和翻车鱼。这些水体中存在的其他种类的鱼——鲤鱼、水牛鱼、鼓鱼、黄鱼和鲶鱼等也都灭绝了。没有任何鱼表现出生病的症状，它们只是在死亡时反常的运动和在鳃上出现了奇怪的紫红色。

在农场温暖的鱼塘附近使用杀虫剂，也会导致池塘中的鱼死亡。正如许多例子所证明的，化学毒药是随着雨水和迳流从周围土地里进入河流的。有时，这些鱼塘不仅仅被径流中的化学药物污染了，当为农田喷洒化学药物的飞行员在飞过鱼塘上空时忘了关闭喷洒器时，这些鱼塘对所有的化学毒药就直接全盘接收了。过程甚至不需要这么复杂，在农业中正常使用农药的情况下，鱼类也会受到大量化学药物的伤害，用量已远超使其死亡的药量。换言之，即使大量减少杀虫剂的使用量也很难改变中毒的状况，因为每英亩使用 0.1 磅的剂量就足以对鱼塘中的鱼类造成伤害了。这种毒剂一旦进入池塘就很难消除。一个池塘曾经为了除掉被人嫌弃的银色小鱼而使用了DDT，这个池塘在反复的排水和流动中将这些毒药留存下来，这些毒药慢慢积蓄起来，杀死了94%的翻车鱼。显而易见的是，这些化学毒物是积蓄在池塘底部的淤泥中的。

与这些新式杀虫剂刚刚付诸使用时的情况相比，很明显的，现在的情况并不好多少。1961年，俄克拉荷马州野生物保护部宣称，有关农场鱼塘和小湖中鱼类损失的报告一直是一周一报，而现在却越来越频繁。如果一场倾盆大雨在对农作物使用杀虫剂后立刻降临，那么毒物就被冲进了池塘中。多年来，这种情况对俄克拉荷马州反复造成损失，人们早已屡见不鲜了。

在世界上有些地方，塘鱼为人们提供了必不可少的食物。在这些地方，人们没有考虑杀虫剂对鱼类的影响就贸然使用，结果坏影响立刻就出现了！比如，在罗得西亚，浓度仅为百万分之零点零四的DDT杀死了浅水中的一种重要的食用鱼类——卡富埃鳊鱼，许多其他种类的杀虫剂也许只需更少的剂量就能导致鱼儿的死亡。这些鱼所处于的浅水环境正是蚊子滋生的好地方，人们始终未能找到如何既能消灭蚊子又能保护好中非地区的食用鱼的方法。

在菲律宾、中国、越南、泰国、印尼和印度养殖的遮目鱼面临着同样的问题。这些国家海岸带的浅水池塘中养殖着这种鱼。这种鱼的幼鱼群会突然出现在沿岸海水中（没有人知道它们是从什么地方来的），它们被打捞起来，被放入蓄养池中，它们就在蓄养池中长大。对东南亚和印度几百万以大米为食的人来说，这种鱼是一种相当重要的动物蛋白来源，因此，太平洋科学代表大会已建议进行一次世界范围内的搜索以寻找这一至今尚无人知晓的产卵地，从而能够在更广泛的地区发展这种鱼类的养殖业。但是，喷洒杀虫剂的行为已对现有的蓄养池造成了严重损失。在菲律宾，为消灭蚊子而进行的区域性喷洒化学药物已使鱼塘主人们付出了昂贵的代价。一个原有 120,000 条遮目鱼的池塘在喷药飞机飞过之后，一半以上的鱼都死了,哪怕饲养者努力用水来稀释池塘中的水也于事无补。

1961 年，近年来最大的一次鱼类死亡事件发生在得克萨斯州下游奥斯汀的科罗拉多河中。1 月 15 日，一个星期日的黎明，突然有死鱼出现在奥斯汀新唐湖和该湖下游约 5 英里范围内的河面上。在这天之前，没有人发现这个情况。到了星期一，有报告说，下游 50 英里也发现了死鱼。这时情况已经很明朗了，那就是有些毒性物质正顺流而下的在扩散。到 1 月 21 日，在下游 100 英里处靠近拉·格兰吉的地方也有鱼被毒死了。而在一个星期之后，这些化学毒物在奥斯汀下游 200 英里处又彰显了自己无与伦比的杀伤力。在 1 月的最后一个星期里，为了避免有毒的河水流入马塔戈达湾,并通过此处进入墨西哥湾,人们关闭了沿海航道的水闸。

当时,奥斯汀的调查者们闻到了与杀虫剂氯丹和毒杀芬相关的气味。在一条下水道的污水里，这种气味尤其浓烈。这条下水道过去一直存在工业废物排放的问题。当得克萨斯州渔猎委员会的官员从湖泊顺着河流调查时，他们注意到一种好似六氯苯的气味，这种气味从一家化学工厂中的一条支线飘散到很远的地方。这个工厂主要生产 DDT、六氯苯、氯丹和毒杀芬，同时还生产少量其他种类的杀虫剂。最近一段时间，该工厂的管理人员经常将大量的杀虫药粉排放到下水道中；更严重的是，他承认在过去十年中，这种对杀虫剂的溢流和残毒的处理方式是一种常规方式。

在进一步的调查研究中，渔业官员发现，进入下水道的其他工厂的雨水和日常生活用水中也可能携带杀虫剂。然而，另外一个发现成了这一连锁反应的最后一节，在湖泊和河流中的水变得对鱼类有毒的前几天，几百万加仑的水在加压后流过了排水管道，将之冲洗干净。毫无疑问，这一水流已将砾石、砂和瓦块沉积物中储存的杀虫剂冲洗出来，然后将它们带入湖中，更进一步的带入河中；在河流中，这些化学物质的毒害效果又一次显现出来。

当这些大量的致命毒药顺流而下到达科罗拉多州时，它们带去了死亡。这个湖下游 140 英里距离内的鱼几乎都被杀死了，后来人们用大围网努力搜捕，看看是否有能够侥幸存活下来的鱼，可惜毫无所获。人们发现了 27 种死鱼，每一英里河上总共有 1000 磅死鱼。钳鱼是这条河的主要捕捞对象，还有蓝色的和扁头的鲶鱼、大头鱼、四种翻车鱼、小银鱼、鲦鱼、石滚筒鱼、大胭脂、鲤鱼、阔嘴黑鲈鱼，还有鳗鱼、长嘴硬鳞鱼、黄鱼和水牛鱼都在死鱼之列。其中有一些是这条河中的老居民，许多扁头鲶鱼的重量都超过了 25 磅，根据它们个头大小就能判断出它们必定已是高龄了。根据报告，当地沿河居民捡到了重达 60 磅的扁头鲶鱼，而且根据记录，一条巨大的蓝鲶鱼重达 84 磅。

该州渔猎委员会预言：即使不再发生进一步污染，这条河里鱼类的数量得到改变也需要花费很多年时间。一些种类可能永远都不会自己恢复了，有些鱼类也只能依靠人工养殖才能复原。

人们现在已经了解了奥斯汀鱼类的这场大灾难，可以肯定的是，事情并未完结，有毒的河水在向下游过 200 英里之后仍然能够杀死鱼类。如果这一极其危险的毒流进入马塔戈达湾，它们就会影响那里的牡蛎产地和捕虾场；所以人们将这整条有毒的洪流引到了开阔的墨西哥湾水体中。但在那儿它们会产生怎样的影响呢？那儿也许还有从其他河流引来的、同样带着致命污染物的洪流吧？

目前，我们对于这些问题的回答大部分还是基于猜测，但我们越来越关注江口、盐沼、海湾和其他沿海水中农药的污染情况。这些地区不仅有被污染了的河水流入，而且，更为常见的是为了消灭蚊子及其他昆虫而直接喷洒的农药。

没有什么地方能比佛罗里达州东海岸的印第安河沿岸乡村能够更加生动地证明杀虫剂能对盐沼、河口和所有宁静海湾中的生命产生致命影响了。1955 年春天，为了消灭沙蝇幼虫，那里的圣露西郡有 2000 英亩盐沼被狄氏剂处理过了，使用的剂量是每英亩 1 磅的药量。这对水生生物来说真是一场浩劫。来自州卫生部昆虫研究中心的科学家们调查了这次喷洒农药后的杀戮现场，他们报告说，鱼类的死亡是“真正彻底的”。海岸上四处堆积着死鱼。鲨鱼游过来吞食水中奄奄一息的鱼儿。没有一种鱼类能够幸免。死鱼中有胭脂鱼、锯盖鱼、银鲈、食蚊鱼。

> “印第安河沿岸除外，整个沼泽区所有被直接杀死的鱼至少有 20—30 吨，或约 1，175，000 条，至少有 30 种。”（调查队 R.W. 哈林顿和 W. L. 彼得梅叶等报告）
>
> 软体动物看来并没有受狄氏剂的伤害。本地区的甲壳类实际上已被全部消灭。水生蟹种群彻底毁灭；明显的除了在喷洒药物中被漏掉的小块沼泽地中有招潮蟹暂时存活外，其他的招潮蟹也全被杀死了。
>
> “较大型的捕捞鱼和食用鱼快速地奔向死亡……蟹在腐烂的鱼体上爬行和吞食，而第二天它们也都死了。蜗牛不断地、狼吞虎咽地吃着鱼的尸体，两周之后，死鱼的尸体一点儿都没有残留了。”

这样一幅阴沉沉的图景是赫伯特 R. 米尔斯博士后来在佛罗里达对岸的坦帕湾进行观察后所描述的，国家奥特朋学会在那儿建立了一个包括威士忌据点在内的海鸟禁猎区。在当地的卫生权威发起了一场驱赶盐沼地蚊子的战争后，具有讽刺意味的是，这一禁猎区变成了一个荒芜的栖息地，鱼和蟹再次成了主要的牺牲品。招潮蟹是一种精巧别致的甲壳动物，当它们成群地在泥地或沙地上爬过时，就好像正在放牧的牛群。它们现在对于喷洒药物的人的侵袭已束手无策了。那年的夏、秋季节，在人们在那里喷洒了大量化学药物之后（有些地方喷了 16 次之多），米尔斯博士调查了招潮蟹的生存情况，“这一次，招潮蟹明显的进一步减少。在这一天（10 月 12 日）的季节和气候条件下，这儿本该有 100，000 只招潮蟹群居，然而在海滨实际见到的不到 100 只，而且不是死的就是病的，它们颤抖着、抽动着、沉重地勉强爬行；与此同时，在邻近的没有喷洒药物的地区中，招潮蟹的数量仍然很多。”

在其所处的生物世界的生态系统中，招潮蟹的存在是极其重要的。对许多动物来说，它们是一种重要的食物。海岸的浣熊以它们为食，比如拍翅秧鸡、滨鸟这样一些生活在沼泽地中的鸟和一些来访的候鸟也以它们为食。在新泽西州的一个喷洒了 DDT 的盐化沼泽中，笑鸥的正常数量在几周内减少了 85%，人们推测很有可能是因为在喷药之后，这些鸟再也无法找到充足的食物了。这些沼泽招潮蟹除了是一种重要的食物来源，它们还有其他的重要作用，它们到处挖洞使沼泽泥地得到清理和充气。它们也为捕鱼人提供了大量的饵料。

招潮蟹并不是潮汐沼泽和河口中唯一遭受农药威胁的生物，有些对人类更为重要的生物也受到了威胁，比如说在切萨皮克湾和大西洋海岸其他地区中著名的蓝蟹。这些蟹对杀虫剂极为敏感，人们在潮汐沼泽、小海湾、沟渠和池塘中喷药的行为杀死了那里大部分的蓝蟹。不仅本地的蟹死了，从其他海洋来到喷洒过药物的地区的蟹也都中毒死亡。有时中毒是间接发生的，如在印第安河畔的沼泽地中，那儿的食腐蟹如同清道夫一样处理了死鱼，但它们本身也很快中毒死去。人们还不太了解龙虾受害的情况，它们与蓝蟹一样属于节肢动物的同族，它们具有本质上相同的生理特征，所以人们由此推测，它们可能会遭遇同样的影响。对于可作为人类食物，具有经济价值的蟹和其他甲壳类动物来说，也可能发生同样的情况。

近岸水体——海湾、海峡、河口、潮汐沼泽——构成了一个极为重要的生态单元。对许多鱼类、软体动物、甲壳类来说，这些水体和它们之间关系相当密切而且必不可少，以致当这些水体不再适宜生物生存时，这些海味就从我们的餐桌上消失了。

即使是那些广泛分布于沿海水域的鱼类中的许多鱼也要依赖于受到保护的近岸水域来产卵和养育幼鱼。佛罗里达州西岸三分之一长的低地中，栲树成林的河流及运河中生活着大量的海鲢幼鱼。在大西洋海岸，海鳟、黄鱼、石首鱼和鼓鱼在岛和“堤岸”间的海湾砂底浅滩上产卵，这条堤岸像一条保护带横亘在纽约南岸大部分地区的外围。潮水带着这些被孵出的幼鱼穿过这个海湾，在这些海湾和海峡（柯里塔克海峡、姆利科海峡、博格海峡和其他许多海峡）中，幼鱼寻觅到大量的食物，并迅速长大。如果没有这些温暖的、受到保护的、食物丰富的水体养育区，各种鱼类种群是不可能存活下来的。然而，我们却容忍农药通过河流进入海水和直接向海边沼泽地喷洒而进入海水。与成年时相比，这些鱼在幼年阶段更容易化学中毒。

另外，小虾在幼年时依赖近海岸的觅食区。分布广泛、四处巡游的丰富的虾类是沿南大西洋和墨西哥湾各州所有渔民的主要捕捞对象。虽然它们在海中产卵，但小虾在大约几周大的时候会游入河口和海湾，在那儿经历蜕皮和成长。从5—6月份到秋天，它们停留在那儿，在水底碎屑上觅食。在它们近岸生活的整个期间，小虾的安全和捕虾业的利益都全依赖于河口的适宜条件。

农药的出现是否对捕虾人和市场供应产生威胁呢？商业渔业局最近进行的实验室试验可能能够提供答案：刚刚过了幼年期的、具有商业意义的小虾对杀虫剂的耐药性非常低——其耐药性是用十亿分之几来衡量的，而不是通常使用的百万分之几的标准。比如在实验中，当狄氏剂浓度为十亿分之十五时，即有一半的小虾被毒死。狄氏剂还不是毒性最强的化学药物，其他化学药物的毒性更强。异狄氏剂从来都是一种最致命的农药，仅仅十亿分之零点五的剂量就能导致一半小虾的死亡。

这种毒性对牡蛎和蛤造成的伤害更是加倍的，这些动物的幼体同样十分脆弱。这些贝壳栖居在海湾、海峡的底部，栖居在从新英格兰到得克萨斯的潮汐河流中及太平洋沿岸的保护区。虽然成年的贝壳已定居下来，不再迁徙，但它们把卵子散布到海水中。在海水中，幼体在几周内就能自由运动了。在夏季，一张拖在船后的细跟拖网就能搜集到这种极为细小的、像玻璃一样脆弱的牡蛎和蛤的幼体，与它们一同被打捞起来的还有许多组成浮游生物的漂流植物和动物。这些牡蛎和蛤的幼体还没有一粒灰尘大，这些透明的幼体游在水面上，专吃微小的浮游植物；如果这些微小的海洋植物衰败了，那么这些幼小的贝壳就会饿死。而农药能高效的杀死大量的浮游生物。通常用于草坪、耕地、路边，甚至用于岸边沼泽的除草剂只要有十亿分之几的浓度，即可成为这些软体贝壳幼虫作为食物的浮游植物的剧烈毒药。

各种各样的、相当微量的常用杀虫剂将这些娇弱的幼体杀死了。哪怕它们接触并不足以致死的浓度的杀虫剂，它们最终也会死亡，因为它们的生长速度不可避免地会受到阻碍并停滞，这必将延长它们在有毒的浮游生物环境中生存的时间，这样会降低它们发育为成年的鱼的几率。

相比较而言，成年软体动物被某些农药直接毒害的危险要小得多，但这也不保险。牡蛎和蛤可以在自己的消化器官及其他组织中储积这些毒素。人们在食用各种贝类时一般都是一口吞下，有时还生吃。商业渔业局的菲利浦·巴特勒博士曾打过一个不吉利的比方，在这个比方中，我们可能发现我们本身已处于一种与知更鸟类似的处境中。巴特勒博士提醒我们说，这些知更鸟并不是因为被DDT直接喷洒而死亡的，它们是因为吃了那些已在组织中积蓄了农药的蚯蚓而死去的。

为了消灭昆虫而使用农药的直接作用是显而易见的，它导致一些河流和池塘中成千上万的鱼类或甲壳类突然死亡。这些事件是悲惨的、令人震惊的，但间接到达江湾、河口的农药所造成的那些看不见的、人们无从知晓和无法测量的影响最终导致的毁灭可能更为严重。一些问题导致了所有这些情况的发生，但我们至今还未找到这些问题的圆满答案。我们知道，来自农场和森林的洪流中含有农药。现在，这些农药被许多、也许全部的河流带入海洋，但我们却不知道这些农药的总量是多少；而且一旦它们汇入海洋后，我们更没有方法测出它们的药量，因为我们现在还没有研究出任何可行的、在高稀释的情况下测量农药剂量的方法。尽管我们知道这些化学物质在漫长的迁移过程中肯定发生了变化，但我们终究无法知道最终变化而成的物质究竟比原来的毒药毒性更强，还是更弱。另外一个几乎未被探究过的领域是化学物质之间发生的相互作用，鉴于当毒素进入海洋之后，那儿有很多的无机物质与之混合、转化，这个问题就变得更为急迫。所有这些问题迫切需要得到正确解答，但只有通过广泛的研究才能获得这些问题的答案，但目前用于这样研究的资金却少得可怜。

内陆和海洋的渔业是关系到很多人收入和福利的一种非常重要的资源。现在，毋庸置疑的是，这种资源已经遭到进入我们水体的化学物质的严重威胁。如果我们能把每年花费在研制越来越多种化学喷洒药物的金钱的极小一部分转而花费在上面建议进行的研究工作中，我们就能发现更多的毒性较弱的方法，而且能将毒物从我们的河流中排出去。广大群众什么时候才能充分认清现实而要求去采取一些行动呢？

十　天灾难逃

最开始，人们只是在农田和森林上空小范围的喷洒药物，但这种空中喷洒药物的范围在不断扩大，并且用药量也在不断增加。喷洒化学药物的强度已经变成了正如一位英国生态学家最近描述的“落在地上的死亡之雨”。我们对于这些化学毒药的态度已略有改变。如果这些毒药被装入标有死亡危险标记的容器里，就算我们偶尔使用也会加倍小心，我们知道毒药仅仅只能使用于那些需要被杀死的对象，而不能让其他任何东西沾染到毒药。但是，因为新型的有机杀虫剂层出不穷，而且第二次世界大战后大量飞机过剩，所以，所有使用毒药的注意事项都被人们抛诸脑后。尽管现在的毒药的杀伤力远超过去使用的任何种类的毒药，但是人们现在却用一种令人震惊的方式使用着它们——人们把有毒的农药从天空中毫无精准目标的呼啦一下全部倾泻下来。在那些已经被喷洒过农药的地区，不仅是那些要被消灭的昆虫和植物尝到了毒药的厉害，而且与此同时，其他生物——无论人类还是非人类也都尝到了这个毒药的滋味。人们不仅在森林和耕地上喷洒化学药物，而且乡镇和城市也未能幸免。

对从天空中朝着几百万英亩土地喷洒化学毒药这件事，已有相当多的人惴惴不安，在 1950 年后期所进行的两次大规模的喷洒化学药物的行动极大加重了人们的怀疑。这两次大规模喷洒化学药物的目的是为了消除东北各州的吉卜赛蛾和美国南部的红螨。这两种昆虫都不是土生土长的物种，但它们已在这个国家存在了许多年，而且并未造成我们非要采取严酷手段对付的灾害。但是，在无论采取什么手段只要结果好就可行的思想的指导下（我们农业部的害虫控制科长期以这个思想为指导），人们突然对它们发起了猛烈的进攻。

消灭舞毒蛾的行动反映出，当局部的、有节制的控制被大规模的、草率的使用化学药物所替代时，会出现多么巨大的损失；而消灭火蚁计划是一个在过分夸大了消灭虫害的必要性后采取了过激行动的典型例子。在没有掌握消灭害虫所需的化学毒药的科学剂量的情况下，人们就莽撞地采取了行动。其结果是，没有一个计划达到预期目标。

这种原本生长在欧洲的舞毒蛾在美国已存在了近一百年。一位法国科学家雷欧·查罗特在马萨诸塞州的梅德福建立了自己的实验室。1869年，他正在进行让这种蛾与蚕蛾杂交的实验。某一天，几只蛾偶然的从他实验室飞走了。这种蛾一点一点地繁衍，之后，在新英格兰随处可见这种蛾。风是这种蛾得以扩张的主要原因：这种蛾在幼虫（或毛虫）的阶段是非常轻的，它们乘着风，能很快飞到很远的地方。另一个原因是植物的转运，植物带有大量的蛾卵，通过这种形式，它们度过了寒冬。每年春天的几周内，这种蛾的幼虫都在损害橡树和其他硬木的树丛，现在在新英格兰所有州的中部都出现了这种蛾，在新泽西州也不时会发现这种蛾，它是1911年因为从荷兰进口云杉而被带入的。在密歇根州同样也发现了这种蛾，不过进入该州的途径尚未明确。1938年，新英格兰的飓风把这种蛾带到了宾夕法尼亚州和纽约州，但阿迪朗达克山脉生长着的不吸引蛾子的树木阻止了蛾子西行。

通过各种手段，人们已将这种蛾成功限制在了美国东北部。在美国出现这种蛾后的将近一百年中，人们一直担心它会侵害南阿巴拉契亚山区大面积的硬木森林，但这种担心并没有成为现实。13 种寄生虫和捕食性生物从国外进口，并且成功在新英格兰地区定居下来。农业部本身很信任这些舶来品，它们有效地减少了舞毒蛾爆发的频率，降低了其危害。通过这种天然控制方法，再加上检疫手段和局部喷洒化学药物，控制虫害的工作已取得了如农业部在 1955 年所描述的成果，“害虫的扩散已被明显抑制，害虫的危害已明显降低”。

在上述情况宣布之后仅仅一年，农业部的植物害虫控制处又推行了一项新计划。这项计划宣称要“彻底的扑灭”舞毒蛾，在这个宣告的旗帜领导下，在一年中，人们对几百万英亩的土地进行了地毯式的喷洒化学药物。（“扑灭”的含义是在害虫分布的区域中彻底、完全地消灭和根除这一种类。）然而，这一计划接二连三的失败了；这使得农业部发现不得不第二次、第三次地向人们宣讲“‘扑灭’同一地区的同一害虫”的必要性。

农业部在刚开始掀起彻底消灭舞毒蛾的化学战争时信心满满。1956 年，宾夕法尼亚州、新泽西州、密歇根州、纽约州的将近一百万英亩的土地都被喷洒了化学药物。在那些喷洒过化学药物的地区，人们都在抱怨药物的危险性太大了。随着大面积喷洒化学药物的方法成为一种固定的方式，保护派们变得更加不安。当要在 1957 年对三百万英亩土地喷洒化学药物的计划宣布后，保护派变得更加激愤。州和联邦的农业官员只是耸耸肩，无视那些他们认为不足挂齿的抱怨。

1957 年的舞毒蛾喷药区中包括长岛区，它主要包括有大量人口的城镇和郊区，还有一些被盐化沼泽所包围着的海岸区。长岛的纳索郡是纽约州中、纽约南边的一个人口密度最大的郡。“害虫在纽约市区中蔓延的威胁”一直被作为一种重要借口来证明这个喷药计划是正确的，但这一点看起来毫无根据。舞毒蛾是一种森林昆虫，当然不会在城市里生存，它们不可能在草地、耕地、花园和沼泽中生活。但是，1957年，美国农业部和纽约州农业和商业部雇用的飞机“把预先设定的油溶性DDT均匀地喷洒下来”。DDT 被喷洒到了菜地、制酪场、鱼塘和盐沼中。当这些药水落到郊外街区时，它们打湿了一个家庭妇女的衣服；在轰隆作响的飞机到达之前，她正竭尽全力将自己的花园遮盖起来。这些杀虫剂也被喷洒到了正在玩耍的孩子和火车站乘客的身上。在赛特克特，一匹优秀的赛马因为饮用了田野里被飞机喷洒过药物的一条小沟中的水，十小时之后就死去了。油类混合物把汽车都喷得斑斑点点，花草和灌木都枯萎了。鸟、鱼、蟹和有用的益虫都被杀死了。

在世界著名鸟类学家罗伯特·库什曼·墨菲的带领下，一群长岛居民曾经到法院上诉，企图阻止1957年的喷药行动。在他们的最初要求被法院驳回之后，这些表示抗议的居民不得不忍受既定的DDT喷洒计划。不过在此之后，他们仍然锲而不舍地坚持要求长期禁止喷洒化学药物。因为这次喷药行动已经进行，法院只能认为这一申诉“有待讨论”。这个案件一直到达最高法院，但最高法院拒绝接受申诉。律师威廉·道格拉斯对法院拒绝重审这一案件的决定表示强烈抗议，他认为“许多专家和官员已提出有关DDT的危险性警告，这说明了这个案件对于民众的重要性”。

由长岛居民提出的诉讼至少使更多人注意到了大量使用杀虫剂的趋势正在愈演愈烈，而且也使人们注意到昆虫控制管理部门无视公民的个人财产受到侵犯。

在对舞毒蛾喷洒化学药物的过程中，许多人意外遭遇了牛奶和农产品被污染的不幸。在纽约州，北韦斯特切斯特郡的沃特牧场的 200 英亩土地上所发生的事情已足以证明这种污染的存在。沃特夫人曾特别向农业部官员提出不要向自己的土地喷洒化学药物的要求；但在广泛地向森林喷洒化学药物的时候，想要避开牧场是不切实际的。她曾提出，如果在她的土地上发现了舞毒蛾，可以用点状喷洒的方式来阻止蛾虫蔓延。尽管人们向她保证不会把药喷洒到她的牧场上，但实际上，她的土地仍有两次直接遭受了化学药物的喷洒，而且还有两次受到飘来的化学药物的影响。取自沃特牧场的纯种格恩西奶牛的牛奶样品表明，在喷药 48 小时后，牛奶中就含有百万分之十四的 DDT。毫无疑问的，从母牛放牧的田野上取来的草料样品也被污染了。尽管这个郡的卫生局接到了通知，但并没有说这些牛奶不能进入市场销售。这种事件是顾客缺乏保护的典型案例，可惜的是，这种情况太普遍了。尽管食品和药物管理处要求牛奶中不能有一丁点儿的杀虫剂的成分，但这种要求没有被严格执行，而且禁令只适用于州际之间的贸易。州和郡的官员在没有任何压力的情况下可以遵守联邦政府规定的杀虫剂标准，但如果当地法律与联邦政府规定的不同，他们就很少坚持了。

菜园种植者也面临同样的遭难，一些蔬菜的叶子枯萎起来，并带有斑点，看来已经无法上市了。而且蔬菜中含有大量的残毒，科内尔大学农业实验站分析的一个豌豆样品中 DDT 的含量达到百万分之十四至二十，而允许的最高值是百万分之七。因此，种植者们要么不得不承受巨大经济损失，要么在已明白自己在销售超标残毒的农产品的情况下继续贩卖。

随着 DDT 越来越多的在空中喷洒，到法院上诉的人数也大大增加。这些申诉中有来自纽约州某些区域的养蜂人的申诉。甚至在 1957 年喷药之前，养蜂人就已遭受了在果园中使用 DDT 带来的严重威胁。一位养蜂人悲痛地说："直到 1953 年，我始终认为美国农业部和农业学院提出的每一个要求都是毋庸置疑的。"但是在那年五月，这个养蜂人遭受了 800 个蜂群的损失。在这个州被大面积的喷洒化学药物后，损失更加广泛和严重，以致其他 14 个养蜂人也加入了他的行列——对该州进行控告，他们已经损失了 25 万美元。另外一位养蜂人，他的 400 个蜂群成了 1957 年的喷药行动中的一个附属目标，他报告说，在林区，蜂群中的野外工作力量——蜂巢中外出采集花蜜和花粉的工蜂已被全部杀死，在喷药较少的农场也有 50%的工蜂死亡。他写道："五月份在院子里散步却听不到蜜蜂的嗡嗡声是一件令人十分沮丧的事情。"

这些控制舞毒蛾的计划被打上了不负责任的印记。因为雇用飞机喷洒化学药物的价格不是根据喷洒的亩数计算的，而是根据喷药量计算的，所以飞行员没有必要尽量节省农药，因此很多地方不只被喷洒了一次药物，而是被反复喷洒了多次。在多个案例中，空中喷药的合同被本州之外的公司获得，所以公司不同意在州政府登记以明确法律责任。在这样一种非常微妙的情况中，那些遭受直接经济损失的苹果园业主和养蜂人发现自己不知道该去控告谁。

在 1957 年的灾难性喷药过后，这个行动计划很快萎缩了，"要对过去工作进行'评价'和对农药进行检查"的模模糊糊的声明也发表了。1957 年的喷药面积是 350 万英亩，1958 年减少到 50 万英亩，1959 年、1960 年、1961 年又减少到 10 万英亩。在此期间，控制害虫处肯定会收到来自长岛的怨气冲天的消息——舞毒蛾又在那儿大量出现了。这一代价昂贵的喷药行动使农业部极大丧失了公众的信任，而想通过这个行动永久消灭舞毒蛾的美好愿望也未能实现，因为它们实际上什么事情也没办到。

农业部的植物害虫控制人员不久之后似乎已经暂时将舞毒蛾的事件

抛之脑后，因为他们又大张旗鼓的在南方开始施行一个更加野心勃勃的计划。“扑灭”这个词仍然很容易在农业部的打印纸上出现；这一次散发的印刷品承诺人们——他们将要扑灭火蚁。

火蚁，是一种因其红刺而得名的昆虫，它是通过亚拉巴马州的摩拜港经由南美洲进入美国的。在第一次世界大战以后，人们很快在亚拉巴马州发现了这种昆虫。到了1928年，它蔓延到了摩拜港的郊区，之后它继续入侵，现在它已进入南部的大多数州中。

从火蚁进入美国的四十多年以来，它们一直很少引起人们的注意。仅仅因为这些火蚁建立了巨大的、看上去就像高达一英尺多的土丘的窝巢，才使它们在数量最多的那个州里被认为是一种令人讨厌的昆虫。这些巨大的窝巢妨碍了农业机器的运作。但是，也仅有两个州把这种昆虫列为最重要的20种害虫之一，并且它们还在清单的末尾。这样看来，无论是官方还是民间都不曾感到这种火蚁对农作物和牲畜造成了威胁。

随着具有强大杀伤力的化学武器被研发出来，官方对于火蚁的态度突然发生了大转弯。1957年，美国农业部掀起了一个在其历史上最令人瞩目的大规模行动。这种火蚁突然变成了一个政府宣传册、电影和激动人心的故事联合猛烈攻击的对象，政府宣传册把这种昆虫描绘成南方农业的掠夺者和杀害鸟类、牲畜和人类的凶手。一场大规模的行动开始了。在这个行动中，联邦政府与受害的州合作要在南方九个州内处理面积达到两千万英亩的土地。

1958年，当扑灭火蚁的计划正在如火如荼地进行之时，一家商业杂志兴高采烈地报道说，“随着美国农业部所进行的大规模灭虫计划不断增加，美国的农药制造商们似乎开始走上了发财致富的道路。”

除了在农药销售热潮中发财致富了的人，所有人都在痛骂这项喷药计划。这是一次典型的缺乏想象力、执行情况糟糕、危害巨大的大规模控制昆虫的行动。这是一个花费巨大、毁灭生命、令农业部公信全失的实验，但令人不可理喻的是，所有资金仍然被投入这一计划中。

一些令人难以信服的说辞在刚开始时居然得到了国会的支持。火蚁被形容成对南方农业的一种严重威胁——它们伤害庄稼和野生生物、它们对在地面上筑巢的幼鸟造成威胁。它的刺也被认为会严重影响人类的健康。

这些论点听起来怎么样呢？由那些想捞外快的官方证人所做出的声明与农业部的重要出版物中的那些内容并不一致。1957 年，在专门报道控制侵犯农作物和牲畜的昆虫的“杀虫剂介绍通报”上并没过多的提及火蚁，这真是一个令人吃惊的“漏洞”；甚至在 1952 年的农业部百科全书年报（该年刊全部登载与昆虫有关的内容）的 50 万字的记录中只有很小的一段提到了火蚁。

农业部认为火蚁破坏庄稼并对牲畜造成伤害。在对付这种昆虫方面，亚拉巴马州的体会最深切，它的农业实验站对此进行了仔细研究，并与农业部的意见相左。据亚拉巴马州科学家所说，火蚁“对庄稼的危害是很小的”。1961 年，美国昆虫学会的主席、亚拉巴马州工艺研究所的昆虫学家 F. S. 埃伦特博士说，他们“在过去五年中从未收到过任何有关火蚁危害植物的报告……也从未观察到它们对牲畜造成了任何危害。”一直在野外和实验室中对火蚁进行观察的那些人说，火蚁主要以其他各种昆虫为食，并且这些昆虫对于人类来说大多是有害的。人们观察到火蚁能从棉花上找到棉籽象鼻虫的幼虫并把它们吃掉，并且火蚁的筑巢活动有利于土壤的疏松和透气。亚拉巴马州的这些研究已得到密西西比州立大学的考证。这些研究成果远比农业部的证据更有说服力。农业部的这些证据，要么是根据对农民的口头访问整理的，但这些农民并不能很好地分清楚这些昆虫，他们很容易把一种蚁和另外一种蚁相混淆；要么就是来自古旧的研究资料。某些昆虫学家相信，这种蚁的嗜食习惯随着它们数量的与日俱增已发生改变，因此几十年前所进行的观察研究现在已经没有什么价值了。

这种有关蚁对健康与生命造成威胁的言论需要修改了。为了争取对其灭虫计划的支持，农业部专门拍摄了一部宣传电影。在这部电影中，围绕着火蚁的刺拍摄了一些恐怖镜头。这种刺当然是很讨厌的，人们被再三提醒要避免被这种刺扎伤，其实这本是一件很正常的事情，就像一个人要躲避黄蜂或蜜蜂的刺一样。比较敏感的人被火蚁的刺扎了之后可能会出现严重反应，但这只是偶然现象，医学文献中也记载过一个人可能因为火蚁的毒液中毒而亡，但这一点尚未得到证实。据人口统计办公室报告，仅在 1959 年，因为被蜜蜂和黄蜂的刺蜇到而死的人为 33 个，但看起来并没有一个人会提出来要“扑灭”这些昆虫。更进一步的，当地的证据是最令人信服的。火蚁已在亚拉巴马州待了 40 年，并且大量集中于此，亚拉巴马州卫生官员表示，“本州从来没有收到过任何一例哪个人因为被外来的火蚁叮咬而死亡的报告。”并且他们认为因为受到火蚁叮咬引发疾病的例子是“偶然性的”。在草坪和游戏场上的火蚁巢丘可能扎到那里的儿童，不过，这很难成为一种给几百万英亩的土地遍洒毒药的借口，这个问题只需对这些巢丘进行处理就很容易解决。

对于猎鸟的危害也同样是在缺乏证据的情况下武断判定的。对这个问题最有发言权的人当然是亚拉巴马州奥本野生动物研究单位的领导人莫里斯 F. 贝克博士，他在这个地区已经工作多年，颇有经验。贝克博士的观点与农业部所宣称的完全相反，他说：“在亚拉巴马南部和佛罗里达西北部，我们可以猎到很多鸟，美洲鹑的种群与迁入的大量火蚁共同存在。这种火蚁在亚拉巴马南部已有近 40 年的历史，猎物的数量一直是稳定的，并且有实质性的增长。如果这种迁入的火蚁对野生动物是一种严重的威胁，那么这些情况是根本不可能出现的。”

用来消灭火蚁的杀虫剂会对野生动物造成什么影响则是另外一回事了。被使用的药物是狄氏剂和七氯，它们都是相对比较新的药。两种化学药物的现场使用经验都很少，没有一个人知道在大范围使用时，它们将对野生鸟类、鱼类或哺乳动物产生什么影响。但是，我们已经知道这两种毒药的毒性都超过 DDT 许多倍。DDT 已经被使用了大约十年的时间，即使以每一英亩一磅的比例使用 DDT，也会杀死一些鸟类和许多鱼；而在大多数情况下，狄氏剂和七氯的使用量更多——每一英亩用到二磅，如果要将白边甲虫也进行控制，那么每英亩要用到三磅狄氏剂。依它们对鸟类的毒效来换算，每一英亩所规定使用的七氯相当于 20 磅的 DDT，而狄氏剂相当于 120 磅的 DDT。

该州的大多数自然保护部门、国家自然保护局、生态学家，甚至一些昆虫学家提出了紧急的严重抗议，他们向当时的农业部部长以斯拉·本森呼吁，要求推迟这个计划，至少等做完一些确定七氯和狄氏剂对野生动物及家养动物的影响的研究和确定控制火蚁所需的化学物质的最低剂量之后再执行这个计划。但这些抗议被置之不理，喷洒化学药物的计划在 1958 年开始执行。在第一年中，有 100 万英亩的土地被处理了。显而易见的是，此时此刻做的任何研究工作都为时已晚了。

在这个计划进行的过程中，在州、联邦的野生物局和一些大学的生物学家的研究工作中，各种事实被逐渐积累起来，这些研究工作证明，喷洒化学药物对有些地区造成的严重后果不断扩大，将导致野生动物的彻底毁灭。家禽、牲畜和家庭动物也都被杀死了。农业部以“夸张”和容易“误导”民众为借口，将所有遭受毒害的证据全都抹掉。然而，现实中还在不断发生这样的事件。

在得克萨斯州哈丁郡发生的一切就是一个真实的案例，在当地使用农药后，负鼠、犰狳、大量的浣熊实际上已不见踪影。甚至在用药后的第二个秋天里，我们也很难再看到这些动物，而且在这个地区发现的很少几只浣熊的组织中都带有这种农药的残余。

在喷洒过药物的地区，人们发现死鸟已吞食了用于消灭火蚁的毒药，通过对它们的组织进行的化学分析已能清楚地证实上述事实。（唯一剩下的还有一定数量的鸟类是家麻雀，其他地区有证据证明这种鸟与其他鸟类相比，可能具有一定的抗药性），1959年，亚拉巴马州的一个开阔地带被喷洒过化学药物之后，有一半的鸟都死了，那些在地面生活或经常在低矮植物间活动的鸟儿全都死了。甚至在喷洒化学药物之后的一年，那里仍然没有任何鸣禽，大片鸟类筑巢的地区变得死气沉沉，春天也听不到鸟儿的啼鸣。在得克萨斯州，人们发现了很多死在鸟窝边的黑唱鸫、黑喉雀和草地鹨，而且许多鸟窝已经废弃了。得克萨斯、路易斯安那、亚拉巴马、佐治亚州和佛罗里达州将死鸟的尸体送到鱼类和野生物服务处进行分析检测，实验人员发现90%的样品中都含有狄氏剂和一种七氯的残毒，浓度达到百万分之三十八。

现在，那些冬季在路易斯安那的北方觅食的鸟鹬的体内已储存了消灭火蚁的化学毒药。这种毒药的来源是很清楚的，鸟鹬用它们细长的嘴在土壤中寻找蚯蚓，它们吃了很多很多的蚯蚓。在路易斯安那喷洒化学药物后的6—10月中还能找到蚯蚓，但它们组织中已含有百万分之二十的七氯，一年之后它们体内的含量依旧高达百万分之十以上。鸟鹬因为间接中毒而死亡的后续影响现在已能从幼鸟和成年鸟比例的变化上明显表现出来，在处理火蚁后的那一季中，人们就第一次注意到了这一明显变化。

与美洲鹑有关的一些消息令南方的狩猎者们感到非常担忧。这种在地面上筑巢、觅食的鸟儿在喷洒过化学药物的地区已被全部消灭。在亚拉巴马州，野生物联合研究中心进行了一次初步调查，研究人员在 3600 英亩已被喷洒过化学药物的土地上统计了美洲鹑的数量，原本有 13 群、121 只鹑分布在这个区域，但在喷药后的两周，到处只有死去的鹑。所有的样品被送往鱼类和野生物服务处进行分析，结果发现它们组织中所含农药的总剂量足以致死。在亚拉巴马州发生的这一不幸事件在得克萨斯州再次上演，该州用七氯处理了 2500 英亩的土地，结果是他们失去了所有的鹑，百分之九十的鸣禽也死去了，化学分析的结果再次显示死鸟的组织中有七氯。

不仅仅是鹑，野火鸡的数量也因为人类施行了扑灭火蚁的计划而急剧减少。在亚拉巴马州威尔科克斯郡的一个区域中，虽然在使用七氯处理土地之前只能看到 80 只火鸡，但在用药后的那个夏天，一只火鸡都看不到了，只有一堆又一堆未能孵出的蛋和一只死去的幼禽。家养的火鸡的遭遇可能和它们野生的同类一样，在用化学药物喷洒过的区域中的农场里，火鸡也很少能生出小鸡，鲜有孵出的蛋，几乎没有幼鸟存活下来。这种情况并没有在邻近的未喷洒过化学药物的区域中发生。

绝不仅仅只有这些火鸡才遭遇了这样悲惨的命运。美国最著名和最受人尊敬的野生生物学家之一的克拉伦斯·科塔姆博士将一些土地被化学药物喷洒过的农民聚集起来座谈，他们不仅认为“所有树林小鸟”都在喷洒过化学药物后消失了，而且大部分农民都报告说他们损失了牲口、家禽和家养宠物。科塔姆博士回忆说，有一个人“对喷药方式十分愤怒，他说自己的母牛已被化学毒药杀害，他只好用埋葬或用其他方法处理这19头死母牛，他还知道另外还有三四头母牛也死于这次药物喷洒行动。而且小牛犊仅仅因为出生后喝了母牛的奶也死去了。”

科塔姆博士邀谈的这些人都感到无比的困惑，他们不知道为什么自己的土地在被喷洒过化学药物后的几个月后会发生这么多悲伤的事情。在他们的土地上究竟发生了什么？一位女士告诉博士说，“在自己周围的土地被喷洒了化学药物之后，她的一些母鸡依旧跑到了地里”，然后几乎没有小鸡孵出和存活，她不知道究竟是为什么。另外一个农民“是养猪的，在喷洒化学药物后的整整九个月里，没有小猪让他饲养，因为母猪不是生下死胎就是小猪生下后很快就死去了。”另外一个农民讲述了相同的事情，他说，原本应该诞下的250多头的小猪减少到了37头，而且只有31头活下来了。他的土地自从被喷洒了化学药物之后就无法再养鸡了。

农业部自始至终都在否认牲畜的损失与扑灭火蚁的计划有关。但是，一位曾被召集处理受害动物的佐治亚州班希里奇的兽医欧提斯 L. 波特维特博士却得出了如下的结论，他认为是由杀虫剂引起的死亡。在消灭火蚁的杀虫剂使用之后的两个星期到几个月内，牛、山羊、马、鸡、鸟和其他野生生物会患上通常有致命危险的神经系统疾病。它只影响那些已经与被污染的食物或水接触过的动物，而圈养的动物没有受到影响。这种情况仅仅是在试图消灭火蚁的地区才能看到。对这些疾病进行研究的实验室也驳斥了农业部所持的观点。权威著作中描述的狄氏剂或七氯中毒所引起的症状和波特维特博士与其他兽医所观察到的症状一模一样。

波特维特博士还描述了一头两个月大的小牛犊七氯中毒的案例。人们对这个动物进行了彻底的实验研究。研究人员在它的脂肪里发现了百万分之七十九的七氯，这是一个重要的发现，但这件事是发生在使用七氯的五个月之后。这个小牛犊体内的七氯是从自己吃的草中获得的呢？还是间接从牛奶中得到的甚至还是在它出生之前体内就已经有七氯呢？波特维特质问道：“如果七氯是来自牛奶，那么为什么不采取特别措施来保护那些饮用当地牛奶的儿童呢？”

波特维特博士的报告提出了一个有关牛奶污染的重大问题——火蚁消灭计划执行的地区主要是田野和庄稼地。那么，在这些土地上的乳牛又会受到怎样的影响呢？在喷洒过化学药物的田野上，青草不可避免地携带了某种形式的七氯残毒，如果这些带有残毒的青草被母牛食用，那么这些残毒必定会在母牛的奶中出现。早在执行火蚁控制计划之前，人们已在1955年通过实验证明了七氯这种化学毒药可以直接进入牛奶。后来又报道了对在火蚁控制计划中使用的另一种化学毒药——狄氏剂进行的类似实验。

现在，农业部的年刊也将七氯和狄氏剂列入了那些能使草料变得不再适宜喂养奶场动物或肉食动物的化学药物的行列。但农业部门的害虫控制处仍然在大力推行那些在许多南方草地区域施用七氯和狄氏剂的计划。有谁在保护消费者，使他们购买的牛奶中不会再出现狄氏剂和七氯的残毒呢？美国农业部会毫不犹豫地回答，他们已经建议农夫们将养殖的奶牛赶出喷药农场30—90天。考虑到许多农场面积都很小，而控制计划的规模又如此巨大——许多化学药物都是经由飞机喷洒的，所以，农业部的劝告能够被人们遵守或接受的可能性是相当令人怀疑的。同时，从残余毒素具有的稳定性来看，这个劝告所限定的期限也是远远不够的。

尽管食品与药物管理处对在牛奶中出现的任何农药残毒都表示极大不满，但在这种情况下，它的权力却极其有限。在火蚁控制计划范围内的大多数州里，牛奶业衰退了，它的产品不能在别的州售卖，联邦灭虫计划导致了牛奶供应不足的危机，而如何避免这一危机的发生的问题却抛给了各个州。亚拉巴马州、路易斯安那州和得克萨斯州卫生官员和其他相关官员在 1959 年收到的调查材料中并没有显示出曾经进行过相关研究，人们甚至并不知道牛奶到底是否已被杀虫剂污染。

其实，在那个控制火蚁计划开始执行之前，已经有人开始进行对七氯的特殊性质的一些研究。甚至在发现因联邦政府的灭虫行动带来危害之前的一些年中，已有人研究过了当时已经出版了的研究成果，并且企图阻止这一控制计划的实行。这是一个事实——七氯在动植物的组织中或土壤中经过一个短暂时期后，就变成了一种更加有毒的七氯环氧化物，这一环氧化物通常被认为是因为风化作用而产生的氧化物。食品与药物管理处发现，用浓度为百万分之三十的七氯喂养的雌鼠仅在两星期后它们的体内就储存了百万分之一百六十五的毒性更强的环氧化物。从 1952 年开始，人们就已知道了这种转化的发生。

1959 年时，只有生物学文献对上述农药转化的事实有所记录，而且还不十分明晰。当时，食品与药物管理处采取行动禁止食物中含有任何七氯及其环氧化物的残毒。这一禁令至少暂时给那个控制计划泼了盆冷水；尽管农业部仍在继续强行收取每年控制火蚁的经费，但地方农业管理人员已变得越来越不愿意说服农民使用化学农药，因为这些农药可能使他们的谷物变成法律禁止销售的东西。

简而言之，农业部不对自己所使用的化学物质的已有定论的科学性质进行最起码的调查就盲目冲动地去执行自己的计划；即使已经进行了调查，它也对调查的结果和所发现的事实视而不见。对化学药物能达到灭虫目的所需最低含量的初步研究肯定是失败的。在大剂量地使用化学药物三年之后，1959 年突然减少了施用七氯的比例，从一英亩 2 磅减少到了 1.25 磅，之后又减少到了每英亩 0.5 磅，在三到六个月期间的两次喷洒中的施用量为 0.25 磅。农业部的一位官员把这一变化描述为“一个激进方法的修正计划”，这种修正说明了小剂量地使用化学药物还是有效的。如果这种报告在扑灭害虫计划发起之前就被人们熟知，那么，大量的损失就很可能避免，并且纳税人也能节约一大笔钱。

1959 年，农业部可能为了平息人们日益增长的对此计划的不满，所以主动提出对得克萨斯州的土地所有者免费提供这些化学药物，但是这些土地所有者必须签字承诺不要联邦、州及地方政府对所造成的损失负责。就在同年，喷洒化学药物造成的损失令亚拉巴马州感到愤怒和恐慌，因此它拒绝继续使用执行此计划的基金。一位官员这样总结了整个计划的特征：“这是一个愚蠢、草率、失策的行动，是对公共和个人权利的任意践踏。”尽管没有使用州里的资金，联邦政府的钱却源源不断地流入了亚拉巴马州，并在 1961 年时又说服立法部拨出了一小笔经费。与此同时，路易斯安那州的农民对于此计划不满的情绪也越来越高涨，因为施用消灭火蚁的化学药物会引起危害甘蔗的昆虫的大量繁殖，这个事实是显而易见的。归根结底，这个计划明显一无所获，1962 年春天，农业实验站、路易斯安那州大学昆虫系主任 L. D. 纽瑟姆教授已对这种悲惨的状况进行了简单明了的总结：“一直由州和联邦代办处所指导的‘扑灭’外来火蚁的计划是彻底失败的，在路易斯安那州，现在虫害蔓延的地区比控制计划开始之前更广阔了。”

目前看来，人们开始倾向于采取一种更为深思熟虑、更为稳妥的方式处理虫害问题了。据报道，“佛罗里达州现在的火蚁反而比控制计划开始时变多了。”佛罗里达州宣告说，它已拒绝采纳任何有关大规模扑灭火蚁计划的建议，转而投向集中小区域控制的方式。

有效的、节省的小区域控制方式多年来已为人们所熟知。火蚁具有巢丘栖居特性，而对个别巢丘进行化学药物处理是一件简单的事。每英亩约花 1 美元就能进行这种处理。在那些巢丘很多又准备实行机械化的地方，一个耕作者可以先把土地耙平，然后直接向巢丘施放农药，这种方法已被密西西比农业实验站推广。这种方法可以控制 90%—95%的火蚁，而每英亩只需花费 0.23 美元。相比而言，农业部的那个大规模控制计划是所有方法中花费最多、危害最大而收效最小的一项计划，那项计划每英亩需要花费 3.5 美元。

十一　超越博尔吉亚家族的梦想

我们世界的污染不仅仅是因为大规模喷洒药物造成的。对于我们大多数人来说，这种大规模的喷洒药物与我们日复一日、年复一年接触的那些不计其数的小规模的毒药相比，就没有那么严重了。就如滴水穿石，人类日复一日的长期接触危险药物最终会造成相当严重的危害。无论每一次的接触是多么的短暂和微小，这种反复的接触能使化学药物在我们体内储积起来，并导致累积性中毒。除非一个人生活在幻想中的、完全与世隔绝的桃花源，没有任何人能够避免与越来越广泛的污染接触。因为受到商家花言巧语的劝诱，普通居民很少察觉到自己正在用这些剧毒物质将自己包裹起来，他们可能根本没有意识到自己正在使用的物质是有毒的。

广泛使用毒物的时代已经彻底到来了，任何一个人可以随便在商店里买到比有些医药品的毒性强得多的化学物质，没有任何人会向他提出任何质疑；相反的，如果他要买些有点儿毒性的医药品，反而可能要求他在药房的毒药记事本上登记。对任何一家超市进行调查都会令最勇敢的顾客震惊不已，只要这个顾客具备最基础的化学知识。

如果在杀虫剂商店的门口挂起一个画有骷髅和交叉的大腿骨的死亡

标记的旗帜，那么顾客进入商店时至少会怀有对致命物质正常的敬畏之心。在这样的商店里，一排排的杀虫剂就像一般商品一样被正常的、摆放整齐地陈列着，它们与洗澡、洗衣用的肥皂紧挨在一起，并排陈列的还有在商店货架的另一边摆放着的泡菜和橄榄。装在玻璃容器中的化学药物放在一个儿童伸手就能摸到的地方。如果儿童或粗心的大人不小心将这些玻璃容器掉在地板上，那么任何在周围的人身上都可能溅上这些化学药物，而正是这些化学药物曾导致那些喷洒过它们的人病危。这种危险当然会跟着购买这些药物的人一起进入他的家里。例如，在一个盛有 DDD 防虫物质的罐子上很清晰地印着一个警告，说明它是高压填装的，如果受热或遇见明火就可能爆裂。食品和药品管理处的一位重要药物学家已经宣称，在一种有多种用途（包括在厨房中使用）的普通家用杀虫剂氯丹喷洒过的房子里居住是“很危险的”。其他一些家用杀虫剂中含有毒性更强的狄氏剂。

在厨房中使用这种杀虫剂因为简便所以很吸引人。厨房的架子纸，无论是白色或者其他人们所喜爱的颜色，可以被杀虫剂浸染，不仅一面而是两面。制造商向我们提供了一个自己动手消灭臭虫的小册子。一个人可以对着小房间、偏僻的地方和护壁板上的最难接触的角落和裂缝中方便地喷洒狄氏剂的烟雾，就像按电器开关那么简单。

如果我们被蚊子、沙蚤或其他对人类有害的昆虫困扰，我们可以在许多种类的洗涤剂、擦脸油和喷洒剂中选择我们喜欢的在衣服和皮肤上使用。尽管我们已被告诫说这些物质中有一些能够溶解于清漆、油漆和人工合成物，但我们仍然幻想这些化学物质不能渗透人类的皮肤。为了保证我们任何时候都能打败各种各样的昆虫，纽约一家高级商店售卖一种杀虫剂的散装袖珍包，它适用于海滨和高尔夫球场，同样也适用于渔具。

为了保证杀死任何在地板上活动的昆虫，我们可以用药蜡涂抹地板。为了有半年时间使自己不必为蛀虫所扰，我们可以悬挂一条浸透了林丹的布条在我们的壁橱和外衣口袋里，或是把这些布条放在我们书桌的抽屉里。当商店推销这些药品时，并未说明林丹是危险的。这种商店也没有推销某种能消除林丹的气味的电子设备。我们被告知这种药物是安全的、无味的。然而真相并不是这样，美国医学协会认为林丹喷雾器是一种非常危险的东西，对此，医学协会开展了广泛运动，并在它的杂志上刊登了抵制使用林丹喷雾器的文章。

农业部在“家庭与花园公报”中试图说服我们使用油溶性的 DDT、狄氏剂、氯丹或各种其他杀死蛀虫的毒剂喷洒我们的衣物。对于那些因为喷洒过量而在被喷洒物上留下的杀虫剂的白色沉淀，农业部告诉我们，一刷就掉。但是它却忘了告诉我们应该在什么地方刷和怎样去刷。所有这些情况导致了这样一个结果：哪怕我们晚上睡觉时还要与杀虫剂相伴，因为我们身上覆盖着一条浸染着狄氏剂的防虫毛毯。

现在，园艺已经和高级毒剂紧密地联系在一起了。每一家五金店、花园用品店和超市都为园艺工作中可能出现的任何需要提供着一排一排的、各种各样的杀虫剂。那些还没有充分利用形形色色的致死喷洒物和化学药物的人好像被时代抛弃了，因为几乎所有报纸的园艺专栏都宣扬使用化学药物是一种理所当然的事。

甚至是能导致猝死的有机磷杀虫剂也被广泛地用在草地和观赏植物上，因为杀虫剂使用过于广泛以致佛罗里达州卫生部在 1960 年认为自己必须颁布禁令——除非先征得同意并符合既定要求，任何人禁止在居民区为商业性目的使用杀虫剂。在这一禁令颁布之前，已发生多起因对硫磷中毒而死亡的事件。

尽管那些正在接触极为危险的药物的花园主人和房主受到了一点点警告，但源源不断出现的一些新器械使得人们在草坪和花园中使用毒剂变得更为容易了，这无形中增加了花园主人与毒药接触的机会。比如，一个人可以将一种瓶型附件安装在花园水管上，借助这种装置，当这个人在给草坪浇水时，如氯丹和狄氏剂这样剧毒的农药就能随着水流流出去。这样一种装置不仅对水管使用者来说很危险，而且也会对公众安全造成威胁。《纽约时报》发现必须在自己的花园专栏中对上述行为提出警示——如果不安装一个特殊的保护装置，那么毒药就会因倒虹吸作用而进入供水管。这种装置正在被广泛地大量使用，但很少有人发声提出警告，在这种现实之下，我们还会对我们所面临的公共用水被严重污染的现实感到震惊和不解吗？

看看在一个花园主人身上可能会发生什么问题，我们来了解一下发生在作为一位花园主人的医生身上的事情。这个医生是一个热情的业余园艺爱好者。刚开始，他每周在自己的灌木丛和草坪上有规律地使用DDT，后来又使用马拉息昂，有时，他用手洒药，有时借助于水管上的那种附件直接把药加入水管中。当他这样做时，他的皮肤和衣服经常被药水浸湿。这种情况持续了大约一年后，他忽然病倒了，并且入院治疗。对他的脂肪组织样品的检测结果显现，其中已累积了百万分之二十三的DDT。他的主治医生认为毒药导致的广泛的神经损伤是永久性的。然后，他体重减轻，感到极度疲劳，患了特殊的肌肉无力症，这是典型的马拉息昂中毒的症状。在所有这些毒剂的长期作用下，这位医生遭受的严重创伤令他无法再继续从事他所热爱的活动。

不仅是曾经没有害处的花园喷水龙头，机动割草机也为了适应施放杀虫剂而被装上了某种特殊附件，当主人在他的草地上进行收割时，这种附加装置就释放出白色蒸汽般的烟雾。可能那些对此从未抱有怀疑态度的郊区居民已经用这样的方式喷洒农药了，所以土地上空的空气污染程度更加严重了。

还有一点必须提及，那就是用毒剂整饰花园和在家中使用杀虫剂正是一种时髦的风气，但很少有人意识到这种时髦可能造成的危害。印在商标上的警告很小，也不占什么地方，更不显眼，以致几乎没有人会用心去花时间阅读或遵守。近来，一家公司对究竟有多少人认真对待这种警告进行调查。调查结果表明，在使用杀虫剂时，甚至有不到 15%的人根本不知道容器上还标记有警示。

现在，郊区居民已习惯不惜付出任何代价不让杂草长大。目的在于消灭草坪上植物的一袋袋化学药品几乎变成了一种地位的象征。这些除草农药往往顶着一个很漂亮的名字被售出，这个名字让人从来不去联想它的本性和实质。要想知道这些袋子里装的究竟是氯丹还是狄氏剂，人们必须去仔细阅读印在袋子上面一个很不显眼的地方上的小标记。如果人们真的了解那些化学药品的真正危害，那么人们很难在五金店或园艺用品店买到它们。相反的，典型的说明书描绘的是幸福家庭的景象：父亲和儿子微笑着正准备向草坪喷洒农药,孩子们和一只狗正在草地上打滚。

我们食物中的农药残毒问题是一个被热烈争论的问题。食物中的农药残毒问题要么被厂家无视，要么就被断然拒绝。同时，那些坚持要求食物不受杀虫剂污染的人被盖上了“狂热分子”的帽子。在这片争论的迷雾中，真相究竟如何呢?

有一点已被医学确认，即作为一种常识我们知道，在 DDT 时代（约 1942 年）来临之前，人们身体组织中没有一点 DDT 和其他同类物质。如第三章所叙述的，从 1954 年到 1956 年，从普通人群中所采集的人体脂肪样品中平均含有百万分之五点三至百万分之七点四的DDT。一些证据能够证明从那时起，平均含量一直持续上升到了一个较高的数值。当然，对那些因为职业原因和其他特殊原因而经常接触杀虫剂的特殊人群，其体内的储积量就更高了。

没有直接接触杀虫剂的普通人身体脂肪内贮藏的DDT是人体摄取的食物中带入的。为了验证这一假设，美国公众健康服务处组成了一个科学小分队去采集餐馆和大学食堂中的菜肴。他们发现每一种菜肴中都含有DDT。因此，调查者们有充分理由得出结论："几乎不存在人们能够信赖的、完全不含DDT的食物"。

像这样被污染的食物的数量是非常巨大的。在公众健康服务处进行的一项独立研究中，对监狱的食物进行分析后的结果显示，炖干果中DDT的浓度为百万分之六十九点六、面包中DDT的浓度为百万分之一百点九。

因为氯代烃可以溶解于脂肪，所以在一般家庭的食物中，肉和任何由动物脂肪制成的食品中都含有大量氯代烃的残毒。在水果和蔬菜中的残毒看起来要少一些，这是因为冲洗起了一点作用，最好的方法是丢掉诸如莴苣、卷心菜这样的蔬菜的所有外层叶子，削去水果皮，并不要试图食用果皮或任何外壳。烹饪并不能消除残毒。

尽管牛奶是由食品和药物管理条例规定的禁止含有农药残毒的为数不多的食品之一，但事实情况是，无论什么时候进行抽检时，牛奶中都会被检测出残毒。奶油和其他大规模生产的奶酪制品中的残毒是最多的。1960年，人们对这类产品的461个样品进行了化验，结果证明其中三分之一留有残毒。食品与药物管理处把这种情况描述为"令人感到非常沮丧的"。

如果一个人要想发现不含DDT和任何化学药物的食物，看来他必须到很久很久之前的原始土地上去寻找，他必须还得放弃现代文明带来的舒适生活。现在，这样的土地也许会在遥远的阿拉斯加州北极海岸的边缘地带存在吧，但可惜的是，人们甚至在那儿也看到了正在步步逼近的污染的阴影。当科学家对该地区爱斯基摩人食用的当地食物进行检验后，发现这种食物中不含杀虫剂。鲜鱼和干鱼；从河狸、白鲸、驯鹿、麋、乌龟、北极熊、海象身上所取得的脂肪、油或肉；蔓越橘、鲑浆果和野大黄，所有这一切都完全未被污染。这里仅有一个例外——来自波因特霍普的两只白猫头鹰体内含有少量的 DDT，这可能是在它们迁徙的过程中得到的。

当对一些爱斯基摩人本身的脂肪样品进行抽样分析时，科学家发现了少量 DDT 的残毒（百万分之 0—1.9）。原因是显而易见的。这些脂肪样品是从那些离开祖居地到安克雷奇的美国公众健康服务处医院接受手术的爱斯基摩人身上取得的。那儿流行着文明的生活方式。如同在大多数人口稠密的城市的食物中含有许多 DDT 一样，这所医院的食物中也含有同样多的 DDT。当他们在文明世界逗留期间，这些爱斯基摩人已被农药污染了。

因为对农作物广泛地喷洒了毒水和毒粉，这一切所导致的一个必然结果是，我们吃的每一顿饭里都含有氯代烃。如果农民能仔细阅读并遵守标签上的说明，那么使用农药所产生的残毒不会超过食品与药物管理处所规定的标准。我们暂时先不考虑残毒的标准究竟是否如那些官员所宣称的那样“安全”，现在人尽皆知并正这样进行的事实是，农民经常在临近收获期的时候使用超过规定剂量的农药，并且想在哪儿用就在哪儿用；另一方面这也说明人们根本无视那些小小的说明标记。

甚至是制造农药的工业部门也认为农民经常滥用杀虫剂，需要对他们进行科学教育。一家主要农业杂志最近声称："看来许多使用者不懂得如果使用农药的剂量超过了所推荐的剂量，他们就会失去抵抗力。另外，农民总是随心所欲的在很多农作物上使用杀虫剂。"

食品与药物管理处的卷宗中所记录的这种犯规行为的数量早已能够引起人们的担忧。有一些例子足以证明农民对于说明指示的冷漠态度：一位种莴苣的农民在临近莴苣收获时同时施用了八种不同的杀虫剂。一名运货人在芹菜上使用了剂量五倍于最大允许值的剧毒的对硫磷。尽管已经明文规定莴苣禁止携带残毒，但种植者们仍然使用了所有氯代烃中毒性最强的异狄氏剂。人们也在菠菜收获前的一周对它喷洒了大量的 DDT。

当然，种植物也存在因为偶然和意外而被污染的情况。一批装在粗麻布袋中的绿咖啡也被污染了，那是因为在运输过程中，装运这批绿咖啡的船上同时也装有一批杀虫药。仓库里密封包装的食物也会受到 DDT、林丹和其他杀虫剂多次空中喷洒造成的污染，因为这些杀虫剂分子可以渗入包装好的食物中，而且会不断累积。这些食物在仓库中存放的时间越长，被污染的危险就越大。

对于"难道政府就不保护我们，使我们免于受到这些危险的伤害吗？"的问题的回答是："能力有限。"在保护消费者免受杀虫剂危害的行动中，食品与药物管理处因为两个原因导致所能发挥的作用大为受限。第一个原因是该管理处只有权过问在州际进行贸易运输的食品，它完全没有权力管理在一个州内部种植和买卖的食物，不管其中发生了多少违反法律法规的事。第二个原因是显而易见的，那就是这个管理处的办事员太少，还不到六百人！这些人却要处理很多相当烦琐的工作，根据食品与药物管理处的一位官员所说，能够利用现有设备进行抽样检查的仅仅只有极少量的州际贸易的农产品，远小于百分之一，这样取得的统计结果也是不全面的。至于在一个州内生产和销售的食物，情况就更糟了，因为大多数州在这方面根本没有完善的法律条款。

由食品与药物管理处所规定的污染的最大容许限度，称为“容许值”有明显的缺陷。在这种使用农药的风气盛行的情况下，这个规定仅仅是一纸空文，它的存在反而给人造成了一种错觉，那就是保证安全的条款已经制定而且正在坚持执行下去。至于微量毒素不影响食品安全的言论，许多人 有充分的理由认为，没有一种毒素是安全的或是人们所必需的。为确定容许值的标准，食品与药物管理处重新审阅了这些毒剂对实验动物的试验结果，然后确定了一个污染的最大容许值，这个值远小于引起实验动物出现中毒症状的需要剂量。这一系列被用来确保安全的容许值是与大量重要事实相违背的。一个生活在受控制的、高度人工化的环境中的实验动物摄入一定剂量的特定农药，其情况与真实状况下接触农药的人是有相当大区别的。人所接触到的农药不仅种类多，而且大部分是未知的、无法测量的和不可控制的。哪怕一个人午餐食用的沙拉中的莴苣中所含有的百万分之七的 DDT 是“安全的”，但在这次午餐中，这个人还会吃其他的食物，其他的每一种食物中都含有一定量的不超过标准的残毒；另外正如我们已经知道的，通过食物摄入的杀虫剂仅仅是人体全部摄入量的一部分，而且很可能是极少的一部分。多种渠道的化学药物叠加起来就是一个不可测量的总摄入量。因此，对于任何一种单独食物中残毒的剂量多少为“安全”的讨论是毫无意义的。

另外还有一些问题。有时这些容许值是在违背食品与药物管理处的科学家所做出的正确判断的情况下确定的。这些科学判断将在本书后文中引证。或者这些容许值是基于未对相关化学药物有充分认识的基础上确定的。在掌握了更多的实际情况后，这种容许值就不再被重视，甚至被弃之不用，但那时公众已经遭受过量的化学药物伤害许多年了。七氯也曾有自己的一个容许值，后来这个容许值又被迫取消了。有些化学药物还没有进行野外分析就已经开始投入应用了，这使得检查人员很难找到此类化学品的残留。这个问题极大地阻碍了蔓越橘种植中对氨基噻唑残留的检测工作。对于处理种子的杀菌剂的分析方法也存在问题。这些种子如果不在种植季节结束之前被处理掉，那么它们就很可能成了我们餐桌上的食物。

实际上，确定容许值意味着允许提供给公众的食物受到有毒化学物质的污染，这样的默许令那些农民和农产品加工者因成本降低和提高效益而欢欣雀跃，但这对消费者来说并没有什么好处。消费者必须为警察局去查证落实他们是否得到致死剂量的毒药的行为缴纳更多的税费。但是，因为做这样的检测工作需要投入很大的资金，任何议员都不敢批准。其结果就是，倒霉的消费者缴纳了更多的税款却仍然在摄入那些被人们忽视了的毒素。

这些问题应该如何解决呢？首先应该取消氯代烃、有机磷组和其他毒性剧烈的化学物质的容许值。这一建议马上就会遭到反对，因为它会给农民施加无法承受的重压。如果能像现在要求的这样保证在各种各样的水果和蔬菜中的农药剂量保持在容许值中——DDT 不高于百万分之七或对硫磷不高于百万分之一或狄氏剂不高于百万分之零点一，那么为什么不能够更加小心一些以保证残毒完全不存在呢？事实上，现在正是以这样的标准来要求一些化学药物的，例如用于某些农作物的七氯、异狄氏剂、狄氏剂等。如果上述这些农药能够达到这样的要求，为什么不能对所有的农药都提出这样的要求呢？

但这并不是一个彻底和最终的解决办法。一个纸面上的容许值是没有什么约束力的。当前，如我们所知，州际运输的食物有 99%以上都逃过了检查。因此，我们迫切需要一个警惕性高、积极主动的食品与药物管理处，而且队伍要扩大。

这种先故意使食物变得有毒然后又进行监管一样使人不禁想起刘易斯·卡罗尔的“白衣骑士”，这个“白衣骑士”想把自己的胡子染绿，再每时每刻用一把大扇子把脸遮住，这样他的绿胡子就没有人能看到了。最后的答案是减少使用有毒的化学物质。现在已存在着这样一些化学物质：如除虫菊酯、鱼藤酮、鱼尼丁和其他来自植物体的化学药物。除虫菊酯的人工合成代替品最近也已被研发出来，这样，如果我们使用除虫菊酯，就不会感到不够用。商家应该向消费者介绍所出售的化学农药的性质。一般消费者都会被各种各样、琳琅满目的杀虫剂、灭菌剂和除虫剂搞得眼花缭乱，无从选择，他们无法知晓哪些化学药物是致命的，哪些是相对安全的。

此外，我们应该更加努力地探索非化学方法的可能性，使这些农药转变为危险性较小的农业杀虫剂，目前，加利福尼亚州正在尝试使用一种新方法，他们试图研究出专门针对某种昆虫的细菌从而引发昆虫的疾病，从而控制农业虫害问题。现在极可能通过不在食物中留下残毒的方法来对昆虫进行有效控制。（请参阅第十七章）无论从什么角度来说，在老方法被新方法大规模替代之前，我们都不能从这种令人无法忍受的情况中获得任何的慰藉。从目前的情况来看，我们所处的境地不比博尔吉亚的客人们好多少。

十二　人类的代价

化学药物的生产开始于工业革命时代，这种产业在我们的生活中已经如风起云涌般越来越多的出现，随之而来的是越来越严重的公众健康问题。仿佛还在昨天，在这种公众健康问题出现之前，人类还处在对天花、霍乱和鼠疫等天灾的担惊受怕之中，这些疾病曾经侵袭了各个国家。现在需要引起我们更多关注的已不再是那些曾一度在全世界引起疾病的生物；在卫生保健、更优越的生活条件和新式药物的帮助下，我们已经在很大程度上控制住了这些传染性疾病。今天我们所关心的是一种潜伏在我们环境中的完全不同类型的灾害——这种灾害是在现代的生活方式崛起之后由我们自己带入人类世界的。

导致环境健康的一系列新问题的原因是多方面的——一是由于各种形式的辐射，二是由于化学药物被源源不断地生产出来，杀虫剂仅是其中的一部分。现在这些化学药物正在我们的生活中不断蔓延，它们直接或间接地、单打独斗或联手合作的毒害着我们。这些化学药物在我们的世界中投下了大片的阴影，这片无形的、朦胧的阴影是凶恶的，它令人感到不安，因为我们无法预测如果人在一生中始终都在接触这些人类未曾经历过的化学药物的后果。

美国公众健康服务处的大卫·普莱斯博士说："我们人类在生活中经常提心吊胆，害怕我们的环境因某些原因而遭到恶化，继而导致人类变成一种被大自然淘汰的生物，和恐龙成为队友。我们的命运也许早已在明显危害症状出现之前的二十年或更早一些时就已被决定了。这种观点使持有上述想法的人更为忧虑。"

杀虫剂与环境疾病分布的相关性表现在什么地方呢？我们已经看到它们现已污染了土壤、水和食物，它们具有将河中的鱼、林中的鸟消灭殆尽的能力。尽管人类不太愿意承认，但人不过也只是大自然的一部分。现在，污染已彻底遍及了我们的整个世界，难道人类能够独善其身，绝缘于污染吗？

我们知道，如果一个人单独与化学药物接触，只要摄入的总剂量达到一定限度，他就会急性中毒。农民、喷药人、航空员和其他接触一定剂量杀虫剂的人员的突然发病或死亡是令人心痛的，我们应该阻止这些惨剧的发生。但还有比这更加严重的问题，农药正在悄无声息地在无形之中污染着我们世界，因为农药被人吞食而导致的危险是有潜伏期的。所以，为了所有人考虑，我们必须加倍重视这个污染问题，研究合理解决的方案。

负责公众健康的官员们已指出，化学药物对生物的影响是可以长期累积的，并且对一个人造成的危害程度取决于这个人一生中吸收的总摄入剂量。正因为如此，这种危险很容易被人忽视。人类习惯于轻视那些长远的、未来才会显现出危害的事物。一位医生——雷内·杜博斯博士对此做出了明智的评价，"人们常常只会对眼前的、症状明显的疾病极为重视。正因为如此，人类的最坏的敌人就能从从容容地乘虚而入。"

正如同对密歇根州的知更鸟或对米罗米奇的鲑鱼一样，这一问题对我们来说是一个互相联系、互相依赖的生态学问题。我们毒杀了一条河流上讨厌的飞虫，于是鲑鱼就逐渐衰弱和死亡。我们毒死了湖中的蚊蚋，于是这些毒药就在食物链中从一环进入另一环，湖滨的鸟类很快就成了毒药的牺牲品。我们向榆树喷洒了化学药物，于是在随后而来的那个春天里，我们就再也听不到知更鸟美妙的歌声了。这不是因为我们直接向知更鸟喷洒了化学药物，而是因为喷洒的毒药通过我们现在已熟知的榆树叶——蚯蚓——知更鸟的流通环节一步步得以转移。上述这些事故是可以观察到的、是记录在案的，它们是我们周围世界的一部分。它们体现了生命或死亡的联系网，科学家们把它们作为生态学来研究。

不过，在我们身体的内部也存在着一个生态学的世界。在这一可见的世界中，一些细微的病原产生了严重的后果；但因为病原潜藏在身体的部位距离表现出最初症状的地方很远，所以我们平常似乎不易看出这种后果与那些病原之间有什么联系。当前医学研究动态对有关问题的一个近期总结陈述道，“在一个小部位上的变化，甚至在一个分子上的变化都可能影响到整个系统，并在那些看似乎无关的器官和组织中引起变化。”对一个关心人体神秘而又奇妙功能的人来说，他会发现原因和后果之间的联系很少会简单、轻易的展露。它们可能在空间和时间上完全脱节。为了发现患病与死亡的联系，必须得将许多看来似孤立、相互无关的事实耐心地联系在一起，这些事实是通过在相互无关的许多广阔领域中进行相当大量的研究才能获得的。

我们习惯去寻找那些明显的、直接的影响，而不研究其他方面。除非这一影响以一种无法否认的明显形式突然出现，否则我们总要否认这些具有危害性的影响的存在。因为没有适当的方法去发现危害的起源，所以甚至连研究人员也在无意中暴露于危险之下。医学中尚未解决的一个大问题就是我们无法运用精密的方法在症状出现之前发现危害。

有人会反驳说："我已经多次将狄氏剂喷洒到草地上，但我从没像世界卫生组织的喷药人员那样发生过惊厥，所以狄氏剂对我没有伤害。"事情并不是这么简单。虽然没有发生突然的、令人惊恐的症状，但对于一个接触过这类药物的人，毒素毫无疑问会在他的身体内储积起来。正如我们所知，氯代烃在人体的累积是通过极小的摄入量而逐渐积累起来的，这些毒素进入到身体内所有含脂肪的组织中。只要有脂肪在人体内积累，毒素马上就会进入。一家新西兰的医学杂志最近提供了一个例子：一个正在接受肥胖症治疗的人突然出现中毒症状。通过检查，发现他的脂肪中含有积累的狄氏剂，而这些狄氏剂在他减肥的过程中已发生了代谢转化。同样的情况也可能发生在因为疾病而体重失控的人身上。

另一方面，毒物积累的影响也可能是不明显的。几年之前，美国医学学会杂志对杀虫剂能够储存在脂肪组织中的危害性发出严重警告。这个杂志指出，那些在组织中具有积累性的药品和化学物质比那些不具有积累倾向的物质更加危险，更需要我们谨慎对待。我们接受的警告告诉我们，脂肪组织不仅仅是一个储存脂肪的地方（脂肪约占身体重量的18%），它还有许多其他重要的功能，这些功能可能被积累的毒素干扰；而且，脂肪非常广泛地分布在全身的器官和组织中，它甚至是细胞膜的组成部分。所以，谨记这一点是很重要的，脂溶性杀虫剂能够储存在个体细胞中，它们能在那儿扰乱氧化和产生能量的、极为活跃的、人体必需的功能。这一问题的重要性在下一章再论及。

氯代烃杀虫剂最值得人们注意的事实之一是它们对肝脏的影响。在人体所有器官中，肝脏是最与众不同的。从它的功能的广泛性和必不可少性来看，肝脏的作用是无可比拟的。肝脏控制着许多至关紧要的机体活动，所以哪怕它受到一丁点儿的危害也极可能引起严重的后果。它不仅能产生消化脂肪的胆汁，它还具有重要的位置和特殊的循环渠道，这些渠道在肝脏中聚集，这样，肝就能直接获得来自消化道的血液，它由此深入地参与了所有主要食物的新陈代谢。它以胆糖的形式来储存糖分，而以葡萄糖的形式释放出严格定量的糖分以此保持血糖维持在正常水平。它制造了身体中的蛋白质，其中包括一些十分重要的、与血液凝结有关的血浆组分。肝脏在血浆中保存着胆甾醇的固定水平，当雄性激素和雌性激素超过正常水平时，肝脏就会起钝化激素的作用。肝脏是许多维生素的储存地，一些维生素反过来也能帮助肝脏保持自己的正常功能。

如果缺少一个正常工作的肝脏，那么人体就相当于被卸掉了全部的武装——无法抵御不断侵入身体的各种各样毒物，其中一些毒物是正常新陈代谢的副产品，而肝脏能够迅速、有效地消除这些毒物中的氮元素，从而使这些毒物转变为无毒的。肝脏对于那些外来的、异常的毒物也能起到解毒作用。仅仅是因为肝脏酶可以处理马拉息昂和甲氧氯的毒性，所以这些杀虫剂的毒性小于它们的亲族，貌似是“无害的”。通过肝脏的处理，它们的分子结构发生了改变，所以它们的致毒能力也被削弱了。通过同样的方式，肝脏处理了我们人体摄入的大部分有毒物质。

我们的抵御外来毒物和本体毒物的这一强大防线现在已被削弱，并处于瓦解之中。一个受到杀虫剂毒害的肝脏不仅不能继续保护我们免遭毒害，而且它全部的、在各个方面的作用都可能被损害。这一后果不仅影响深远，而且因为这种后果变化多端和滞后显现造成人们很难发现引起这些后果的真实原因。

因为导致肝脏中毒的杀虫剂现在被普遍使用，所以肝炎患者人数急剧上升。从二十世纪五十年代开始，肝炎患病人数开始上升，并一直保持持续性的波浪式上升。据说肝硬化的患病人数也在不断增加。虽然证明原因甲产生结果乙明显是件困难的事情——在人类中证明这件事比在实验动物中证明更困难，但一般认为肝脏疾病增长率与环境中荼毒肝脏的毒物的增多之间不是直接相关的。氯代烃究竟是不是主要原因？从目前我们接触这些毒剂的情况看，这个问题是很难弄清楚的。因为这些毒剂已被证明具有毒害肝脏的能力，根据推测，它们还能削弱肝脏对疾病的抵抗力。

尽管作用的方式有区别，但两种主要的杀虫剂——氯代烃和有机磷酸盐都能直接影响神经系统，这一点已经通过大量的动物实验和对人类进行的观察证实了。首先广泛使用的一种新型有机杀虫剂 DDT 的主要作用是影响人的中枢神经系统，小脑和高级运动神经外鞘被认为是主要受影响的区域。根据某本标准的毒物学教科书记载，诸如刺痛感、发热、搔痒，还有发抖，甚至惊厥等感觉都可能是因为接触了达到一定剂量的 DDT 而导致的。

几位英国研究者以牺牲自己为代价让我们第一次认识到由DDT引起的急性中毒症状，他们为了了解使用 DDT 的后果，有意让自己暴露在 DDT 中。两位英国皇家海军生理实验室的科学家通过直接接触刷有水溶性涂料的墙壁——这些涂料含有 2%的 DDT，以让皮肤吸收 DDT。这些 DDT 是附在一层薄薄的油膜中涂上去的。在他们关于自己症状的口头描述中，我们可以清楚了解 DDT 对神经系统的直接影响，“困倦、疲劳和四肢疼痛是很真实的，精神状态也极令人困扰……易受刺激，讨厌任何的工作，甚至遇到最简单的问题也觉得自己的脑子不够用，这些痛苦交织在一起给人带来巨大的折磨。”

另外一位曾在自己皮肤上涂抹 DDT 丙酮溶液的英国实验者报告说，

他感到四肢沉重和疼痛，肌肉无力，而且有“明显的神经性紧张痉挛”。在他休息了一段时间后，身体状况有所好转；但当他重回工作岗位后，他的状况重新恶化了。之后，他病倒在床上三周并遭受到了持续性的四肢疼痛、失眠、神经紧张和极度忧虑的痛苦折磨。当他全身战栗时，这种战栗的全部症状看起来与被DDT毒害了的鸟类的样子十分相似。这位实验者在长达10周的时间里都不能工作，在一年年底，当他的病例被一家英国医学杂志刊登出来时，他还未完全康复。（除了这一证据，一些在志愿者身上进行DDT实验的美国研究者不得不忍受实验对象对头疼和“每根骨头”都疼的抱怨。）

现在已有接受实验者们的许多病例记录，在这些记录中，病情的症状和整个发病过程都能证明杀虫剂是引发疾病的原因。这些典型案例中的患者都曾暴露于某种杀虫剂中，在采取了将所有杀虫剂从环境中除掉等处理措施之后，疾病的症状就会消失。但影响更为深远的是，患者只要再和这些罪恶的化学物质接触，病情又会复发。这样的证据足够证明许多其他疾病的药物治疗的原理。这种证据完全能起到警告作用：我们的冒险行动是愚蠢的，我们明知道有危险却偏要冒着危险把环境浸透在杀虫剂中。

为什么所有处理和使用杀虫剂的人表现出的症状各不相同呢？造成这种情况的原因是个体敏感度不同。有一些证据表明，女人比男人更敏感，年轻人比成年人更敏感，那些经常坐在室内缺乏运动的人比那些风餐露宿或艰苦劳动的人更为敏感。除去这些差别之外，还存在一些客观的差别，虽然这些差别没有规律可循。对于为什么一个人会对粉尘或花粉呈变态反应，或对某一种毒物敏感，或更易感染某一种传染病的问题是一个医学上至今还未能解决的谜团。但这个问题真实而客观的存在着，并且影响了很多人。一个医生估计，病人中的 1/3 或更多的人表现出一些过敏症状，并且这个人群的数量还在不断增长。不幸的是，过敏性在人体中可以突然地、急促地激发抗过敏性的发展。事实上，一些医学人员认为，断断续续地暴露在化学药物中产生的正是这样的敏感性。如果事实真是如此，那么就能解释为什么在对遭受职业性持续暴露的人身上进行的一些研究中几乎没有发现什么中毒的迹象。这些人因为持续与这些化学药物接触，所以产生了抗过敏性，这正如一个变态反应学者通过给病人反复地小剂量注射致敏药物使他的病人产生抗过敏性一样。

与在严格控制下生长的实验动物不同，人从来不会一直只暴露在一种化学药物中，这个实际情况使研究杀虫剂致毒的所有问题都变得极其麻烦，难以解决。在几种主要的杀虫剂之间，在杀虫剂和其他化学物质之间，都存在着能够产生重大影响的相互作用。另外，当杀虫剂进入土壤、水或人体血液之后，这些化学物质不会始终保持独立状态；它们在那儿发生了神秘的、不可预见的变化，借助这些变化，一种杀虫剂能使另外一种杀虫剂的致毒能力改变。

甚至在两种主要的杀虫剂之间也存在着相互作用，而人们常常都是认为它们是完全独立地各自发生作用的。如果人体曾事先暴露于伤害肝脏的氯代烃中，那么对神经保护酶——胆碱酯酶起作用的有机磷酸盐的毒性可能会增强。这是因为当肝功能被破坏以后，胆碱酯酶的水平降低到正常值以下；那时，这外来的、原本受到抑制的有机磷酸盐的作用可能增强到能导致严重症状出现。而且我们已经知道，成对的有机磷酸盐彼此间的相互作用甚至能促使它们的毒性增长上百倍。或者，有机磷酸盐也可以与各种医药、人工合成物质、食物添加剂相互作用。对这些目前在我们世界中存在着的无穷无尽的人造物质，我们还能说什么呢？

一种推测为无毒的化学物质能够在另一种化学物质的作用下发生骤变。有关这点的最好的例子就是 DDT 的一个被称为甲氧氯的近亲。（实际上，甲氧氯并不如同人们通常认为的那样没有毒性，最近对实验动物的研究表明它能对子宫起直接作用，并对一些很有用的黏液性激素有阻碍作用——这再一次提醒我们：有些化学物质具有极大的生物学影响。其他研究工作表明，甲氧氯能够导致肾脏中毒。）因为仅仅只摄入甲氧氯时，它不会大量累积在体内，所以我们说甲氧氯是一种安全的化学物质。但这样的观点也并不符合实际情况。因为如果肝脏已因为其他原因被损伤，那么甲氧氯就会在人体内累积到高达正常含量 100 倍的剂量，那时它将与 DDT 一样对神经系统具有长期持续性的影响。然而，对肝脏造成的损伤是轻微的，很容易被忽视。这也可能引发另一个常见的结果——使用另一种杀虫剂，使用一种含四氯化碳的洗涤液，或服用一种被称为镇静药的东西，这些东西大部分（不是全部）是氯代烃类，并且能够对肝脏造成损伤。

对神经系统的伤害不仅仅局限于急性中毒，还存在许多后续的持续性影响。已有过关于甲氧氯和其他化学物质对大脑和神经的长期遗留损害的报道。狄氏剂不仅能导致急性中毒，而且还能产生长期的遗留影响，诸如“健忘、失眠、做噩梦直至癫狂。”根据医学发现，林丹大量地积蓄在大脑和重要的肝组织中，而且可以诱发“对神经系统神秘的长期的遗留作用”。但夸张的是，我们经常在汽化器中使用六氯化苯这种化学物质，这种设备能够接连不断地将挥发性杀虫剂的蒸汽带入家庭、办公室和餐馆。

通常认为只引起急性的、激烈的中毒症状的有机磷酸盐也具有对神经组织产生后遗性物理损伤的能力，而且与近来的发现相符，它也能引起神经错乱。随着这种或那种杀虫剂的使用，各种各样遗留的麻痹症出现了。约在二十世纪三十年代的禁酒期里，在美国发生的一个离奇事件已经预兆着将要发生的事情。这个离奇事件的主角不是杀虫剂，而是一种在化学上属于与有机磷酸盐杀虫剂同类的物质。在禁酒期间，为了不违反禁酒法律，一些医用药物被当作酒的代用品。牙买加姜汁酒是其中的一种。因为药用酒精之类的产品昂贵，于是分装商想出用牙买加姜汁酒作为代用品的主意。他们操作得如此细心精妙，以致他们的假货通过了一定的化学检验，并且骗过了政府的化学家。为了令他们的不法牙买加姜汁酒具有必要的强烈气味，他们又在其中加入了一种名为三甲苯磷的化学物质。这种化学物质如同对硫磷及其同类一样，能破坏保护性的胆碱酯酶。饮用了分装商的这种产品的后果是大约一万五千人因腿肌肉麻痹而永远变成了跛子，这种病状现在被称为"姜酒中毒性麻痹"。伴随着这种麻痹症还出现了两种症状——神经鞘的损伤和脊髓前角细胞的退化。

大约 20 年后，其他各种各样的有机磷酸盐被作为杀虫剂使用了，正如我们所看到的，很快就出现了新的病例，这不仅使人回想起"姜酒中毒性麻痹"这个历史上的悲剧。一个德国温室工人在使用对硫磷之后不时出现中毒症状，在他经历了这些温和的中毒症状几个月后，麻痹症出现了。之后，有一群来自三个化学工厂的工人因为暴露在有机磷酸盐类的其他杀虫剂中而出现了严重的中毒症状。他们经过治疗暂时得到恢复，但在十天以后，其中的两人出现了腿部肌肉萎缩。这个症状在其中一个人身上持续了十个月；而另一个年轻女化学家的遭遇更惨，她不仅双腿瘫痪，而且手和手臂也受到影响。两年之后，当她的病例在一个医学杂志上报道出来的时候，她仍然还不能工作。

虽然对这些病例负责任的那些杀虫剂已从市场上消失了，但我们目前还在销售、使用着的一些杀虫剂可能具有同样的杀伤力。深受花园工人喜爱的马拉息昂在对小鸡的实验中已导致了实验对象的严重肌萎缩。这个症状（正如“姜酒中毒性麻痹”一样）是由坐骨神经鞘和脊柱神经鞘损伤引起的。

由有机磷酸盐中毒所导致的这些后果即便是没有立即引起死亡也会是导致进一步恶化的序曲。从这些侵害神经系统的严重危害来看，这些杀虫剂最终必然会与精神疾病联系起来。最近，墨尔本大学和在墨尔本亨利王子医院的研究人员已发现了这种联系，他们报道了 16 例精神病病例。在所有这些病例中，病人都曾长期暴露于有机磷酸盐杀虫剂中。其中三名是核查喷药效果的科学家；八人在温室工作过；五人是农场工人。他们的症状包括记忆衰退、早发痴呆和郁闷反应。这些人长期使用的农药就像飞镖一样最后又打回了自己身上，而在他们被击倒之前，他们都有正常的体检记录。

据我们所知，在各种医药文献中有很多与此类似的情况的记载，有的与氯代烃有关，有的与有机磷酸盐有关。为了暂时消灭一些昆虫，我们付出了沉重代价；只要我们坚持使用那些摧残我们神经系统的化学药物，我们就将继续被迫付出诸如幻听、健忘、狂躁之类沉重的代价。

十三　通过一扇狭窄的窗户

生物学家乔治·沃尔德曾经把自己进行的一项极为专业的研究课题“眼睛的视觉色素”比作是“一扇狭窄的窗户，当一个人离这扇狭窄的窗户比较远，他就只能看见窗外一点点亮光；当他向这扇窗户靠近时，他所能看到的窗外景象就会变多；直到最后，当他完全在窗边时，他能通过这扇狭窄的窗户看到整个宇宙。”

我们的研究工作首先应该关注人体的某些细胞，然后再是细胞内部的细微结构，最后关注这些结构内部的基础反应。只有当我们这样推进研究工作时，我们才能认识到将外部化学物质偶然引入我们体内环境所带来的深远影响。

医学研究从最近才开始关注单个细胞在产生能量过程中的作用，这种能量对于生命体的存在来说是必不可少的。人体内产生能量的超凡的运行模式不仅是人体健康的基础，更是生命的基础。它甚至比人体最重要的器官还要重要，因为如果没有正常的、有效的产生能量的氧化作用，那么身体中的任何机能都不能发挥作用。但许多用于消灭昆虫、啮齿动物和野草的化学药物却具有这样“神奇”的特性：它们能够直接破坏氧化作用，并且毁坏这种系统模式。

在全部生物学和生物化学中最令人印象深刻的成就之一就是使我们对细胞氧化作用的认识能够达到现在这种程度的研究工作。我们在这个领域上有所成就的人员名单上能够看到许多诺贝尔奖获得者。在四分之一世纪的时间里，有关的研究工作以更早期的工作为基石，始终一步一步地不断前进。现在，所有的细节工作还需要继续深入研究。所有的研究工作仅仅在最近十年内才形成了一个整体，生物学家才对生物氧化作用形成了通识。但还有一个更重要的现实是，在 1950 年之前，接受过基本训练的医学人员甚至没有亲身体会破坏生物氧化作用所引起的变化和危害的机会。

能量的产生并不是由任何专门的某个器官完成的，它由身体的所有细胞来共同完成的。一个活的细胞就像火焰一样，通过燃烧燃料去产生生命所必需的能量。这种比喻虽然充满了诗意，但准确性还不够，因为细胞“燃烧”需要的温度与人体的正常体温差不多。于是，千千万万个这样温和地燃烧着的小火焰提供了生命所需的能量。化学家尤金·拉宾诺维奇曾说过，如果这些小火焰都停止了燃烧，那么“心脏将会停止跳动、植物将不能抵挡地心引力向上生长，变形虫不能游泳，感觉不再能通过神经奔跑，思想不再能在人的大脑中闪现。”在细胞中，物质转化为能量是一个源源不断的过程，是自然界更新循环的过程，就好像一个轮子在不停地转动着。以葡萄糖形式存在的糖燃料一个分子一个分子地进入了这个轮子，这些燃料分子在循环过程中经历了分解和一系列微妙的化学变化。这些变化一环扣一环的、有规律地运行着，每一环节都由一种酶支配和控制着——这种酶颇具专业技能并且两耳不闻窗外事，它只对这个环节的工作负责，其他一概不理。每一环节都会产生能量和以二氧化碳和水的形态排出废物。经过了前一环节的燃料分子又被输送到下一阶段。当这个转动的轮子转完一圈时，消耗殆尽的燃料分子会进入一种新的状态，在这种新的状态中，它随时可与新进入的分子结合起来，然后重新开始同样的循环。

能量产生的这个过程是生命世界的奇迹之一。在这一过程中，细胞就像进行生产活动的化学工厂，这真是生命世界的奇迹。只有借助于显微镜才能看到的细胞本身都十分微小，但它们却发挥着极其重要的作用。更令人惊叹的是，氧化作用的大部分过程都是在细胞内被称为线粒体的微小颗粒内完成的。虽然在 60 年前人们已经知道了这种线粒体的存在，然而在过去，它们始终被当作未知的、不重要的细胞成分而被忽视。仅在二十世纪五十年代，对它们的研究才变成了一个激动人心、硕果累累的科学研究领域，它们突然引起了科学家们的极大关注，单单在这一课题内，五年中就涌现出了 1000 篇论文。

人类又一次表现出其卓越的创造才能和顽强的毅力，揭示了线粒体的奥秘。试想，现在居然有这样一种技术将即使通过放大 300 倍的显微镜也很难看到的极小的微粒与其他成分分离，将它单独取出，并对它的构成进行分析，还能确定这些组分的极度复杂的功能。这简直是超乎想象的。现在，幸亏有了电子显微镜，生物学家的科研能力得以大力提高，这项工作才终于得以完成。

我们现在清楚了解，线粒体是一个极小的多种酶的包裹体，也是一种包括对氧化循环所必需的所有酶的可变组合体，在线粒体的壁和间隔上精准、有序地安放着这些酶。线粒体是一个“动力室”，大部分产生能量的过程都发生在这个“动力室”中。当氧化作用的第一步和最开始几步在细胞质中完成后，燃料分子就被引入线粒体。氧化作用就在线粒体中全部完成，大量的能量也在这里释放出来。

如果不是为了产生能量，那么在线粒体中氧化作用的转动的轮子就毫无意义。生物学家通常将在氧化循环的每一阶段中产生的能量称为ATP（三磷酸腺苷），这是一个包括有三组磷酸盐的分子。ATP 之所以能够提供能量，是因为 ATP 能够将其中所含的磷酸盐转化为其他物质，在这一过程中，电子来回运动产生了能量。这样，在一个肌肉细胞里，当一组末端的磷酸盐被输送到收缩肌时，收缩所需的能量就产生出来了。所以产生了另外一种循环——一种循环中的循环，即 ATP 的一个分子放出一组磷酸盐仅保存二组，变成了二磷酸盐分子 ADP；但是当这个轮子继续转动时，另外一个磷酸盐组又会被结合进来，于是强有力的 ATP 又得以恢复。这就如同我们所知的充电电池一样，ATP 代表充电的电池，ADP 代表放电的电池。

从微生物到人类，在所有的生命体内都有 ATP，ATP 是一切生物都拥有的能量传递者，它能够为肌肉细胞提供机械能，为神经细胞提供电能。精液细胞、准备进入剧烈活动状态的受精卵、能够产生激素的细胞等，生命活动所需的所有这一切能量都是由 ATP 提供的。ATP 在了线粒体内部使用了少部分能量，大部分能量都被立即释放到细胞中，为细胞的其他各种活动提供能量。在某些细胞中，因为它们的位置能够使能量精准地传送到需要它的各个地方，所以线粒体的位置极其有利于它们功能的发挥。它们在肌肉细胞中成群地围绕在收缩肌纤维的周围；，它们在神经细胞中位于与其他细胞的连接处，为兴奋脉冲的传递提供能量；，它们在精子细胞中存在于推进尾与头部连结的地方。

给 ATP—ADP 电池充电的过程，就是氧化作用中的偶合过程：在这个电池中，ADP 和自由态的磷酸盐组又结合成为 ATP，这一个紧密的结合就是人们所称的偶联磷酸化作用。如果这一结合变为非偶联性的，那么没有能够供给的能量。而此时，呼吸还在进行，因为没有能量的产生，细胞变成了一个只发热而不产生能量的“空转马达”。此时，肌肉无法收缩了；脉冲也不能沿着神经通道奔跑了；精子也不能游到它的目的地了；受精卵也不能完成自己要经过复杂分化才能得到的费尽心思的作品。可能对从胚胎到人的所有的有机体来说，非偶联化的结果都是一个真正的灾难，有时它可能导致组织，甚至整个有机体的死亡。

非偶联化是怎样发生的呢？放射性是一个因素。有些人认为曾暴露于放射线中的细胞的死亡就是因偶联作用被破坏而导致的。不幸的是，大量的化学物质也具有这种阻断产生能量的氧化作用的能力，而且杀虫剂和除草剂都是这类化学物质的典型代表。据我们所知，苯酚能够严重影响新陈代谢，它所引发的体温升高有潜在的致命危险；这种情况是由“空转马达”——非偶联作用的结果所导致的。而这类被广泛用作除草剂的化学物质的代表就是二硝基酚、五氯苯酚和 2，4-D。在氯代烃类中，DDT 已经被证实能够破坏偶联作用，如果进一步的深入研究，也许还能发现许多这类物质中破坏偶联作用的其他化学物质。

但是，非偶联作用并不是将生物体内千百万个细胞的“小火焰”扑灭的唯一原因。我们已经知道，氧化作用的每一步都是在一种特定的酶的作用和支持下完成的，当这些酶中的任何酶，甚至仅仅是一种酶被破坏或被伤害时，细胞中的氧化循环过程就会停止。无论哪种酶受到影响，其结果都是一样的。处在循环中的氧化过程就像一只转动的轮子，如果我们将一条铁棍插入这个轮子的辐条中间，不管我们到底是插在哪两根辐条之间，所导致的结果都是一样。同样的道理，如果我们破坏了在这一循环过程中在任何一点上起作用的酶，氧化作用将不得不停止，那时就再也不能产生能量，最终结果非常类似非偶联作用。

许多通常被用来制作杀虫剂的化学物质就是这种破坏氧化作用转轮的铁棍。DDT、甲氧氯、马拉息昂、吩噻嗪和各种各样的二硝基化合物都属于那些能妨碍与氧化作用循环有关的一种或多种酶的杀虫剂，而它们正被大量使用着。它们潜伏着，它们能够阻止能量产生的整个过程，并夺走细胞中的可用氧。这一危害会导致广泛的灾害性后果，我们在这儿只能提及其中很小的一部分。

仅仅依靠系统地抑制氧供应，实验人员就能将正常细胞转化为癌细胞，我们将在下一章中读到有关的内容。从正在发育的胚胎的动物实验中可以看出夺走细胞中的氧所导致的其他激烈后果的一些表现。因为缺氧，组织生长和器官发育的那些有规律的过程就被破坏了；畸形和其他变态也随之发生。如果人类的胚胎缺氧，这个胚胎发育的结果就是先天畸形。

存在着一些迹象说明现在人们已经注意到了这类灾难正在不断增加，尽管没有人指望发现其全部原因。作为那个时期令人更加不愉快的噩耗之一是，人口统计办公室于 1961 年发起了一项全国新生儿畸形调查，调查表上附带着一个说明，说明这个统计结果提供了必要的事实来阐明先天畸形的发生范围和导致畸形的环境。毫无疑问，这方面的一些研究大多要涉及测定放射性的影响，但不应忽视的是，许多化学药物能够与放射性物质产生同样的影响。人口统计办公室做出了残忍的预测，以后在未来孩子们身上出现的一些缺陷和畸形几乎肯定是由那些渗入我们外部世界和体内世界的化学药物所导致的。

生物氧化作用紊乱也会导致生殖功能衰退的某些症状，同时也与耗尽极其重要的 ATP 有关。甚至在受精之前，卵子就需要消耗大量的 ATP，为下一阶段需要的大量能量做好准备。一旦精子进入卵子和受精发生后，大量的能量就要准备好被消耗掉。ATP 供应决定了精子是否能够顺利到达和进入卵子。这些 ATP 在精子颈部的线粒体中集中产生。细胞分裂在受精过程结束后立刻开始，胚胎发育是否能继续进行直到成功完成在很大程度上将由以 ATP 形式供给的能量决定。胚胎学家研究了一些他们最容易得到的实验对象——青蛙和海胆的受精卵，他们发现如果 ATP 的含量减少到极限值之下，这些受精卵就会停止分裂，并且迅速死亡。

胚胎学实验室和苹果树之间并非没有联系，这些苹果树上的知更鸟鸟窝里保存着它所有的蓝绿色的鸟蛋，不过这些蛋冰凉地躺在那儿，生命之火闪耀了几天之后现在已全部熄灭。同时，在高处的佛罗里达松树顶部，整整齐齐的摆放着一大堆树枝和木棍，三个冰凉的白色大鸟蛋就安静的躺在由它们筑成的窝里。为什么知更鸟和鹰都不去孵化自己的鸟蛋呢？这些鸟蛋是否也像那些实验室中的青蛙的受精卵一样仅仅因为缺少普通的能量传递物——ATP 分子而停止发育了呢？是不是由于下述原因导致普通的能量传递物——ATP 分子缺乏呢？在亲鸟体内和那些蛋中已经储存了足以使供给能量所依赖的氧化作用的小轮停止转动的一定剂量的农药。

毫无疑问，杀虫剂是否已在鸟蛋中累积了，相对观察哺乳动物的卵细胞，检测这些鸟蛋要更容易些。不管这些鸟蛋是在实验室条件下培育的还是在野外作业中获得的，只要对这些鸟蛋进行检测，就能发现这些农药的残留，就能发现其中累积了大量的 DDT 和其他烃类，并且浓度很大。在加利福尼亚州，人们检测的雉蛋中含有百万分之三百四十九的 DDT；在密歇根州，人们从因为 DDT 中毒而死亡的知更鸟的输卵管中取出的蛋内所含的 DDT 浓度达到百万分之二百。那些因为成年知更鸟中毒死亡而留在鸟窝中无人问津的鸟蛋中同样也含有 DDT。因为附近农场使用艾氏剂而中毒的母鸡也将这些化学物质传给了它们的鸡蛋，以母鸡为实验对象，它们吃了 DDT 后下出来的蛋中含有百万分之六十五之多的DDT。

当我们知道了 DDT 和其他的（也许是所有的）氯代烃通过钝化一种特定的酶或通过破坏产生能量的偶联作用而能使产生能量的循环中断时，我们很难想象，哪一枚含有大量残毒的鸟蛋能够完成其复杂的发育过程：细胞的无限多次分裂、组织和器官的精心构成、合成最关键的物质以最终形成一个鲜活的生命。所有这一切都需要大量的能量——即需要由随着新陈代谢循环的不断进行而产生 ATP 的线粒体。

没有任何理由去设想这些灾难性事件仅仅在鸟类中发生，ATP 是普遍的能量传送者，无论是在鸟类或在细菌体内，无论是在人体或老鼠体内，产生 ATP 的新陈代谢循环都有着同样的效果。因此杀虫剂在任何生物的胚胎细胞中累积的事实对我们来说同样不利，这意味着对人类也有很严重的影响。

这些化学药物进入了产生胚胎细胞的组织中也就意味着同时进入了胚胎细胞本身。在人工控制条件下存活的野鸡、老鼠和豚鼠中，在为消灭榆树病而喷洒过化学药物的区域里的知更鸟中，在为消灭云杉芽虫而被喷洒过药物的西部森林中的跳跃的鹿，在各种鸟类和哺乳动物的生殖器官中都已发现了杀虫剂的储存。在一只知更鸟体内，DDT 在睾丸中的含量高于体内其他任何部分的含量；野鸡也在其睾丸中积累了超过百万分之一千五百的大量的 DDT。

在对哺乳动物进行的实验中，观察到的睾丸萎缩可能是这种 DDT 在生殖器官中积累导致的后果之一。在甲氧氯中暴露过的小老鼠的睾丸超乎寻常的小。当一个小公鸡吞食过 DDT 后，其睾丸只有正常大小的 18%，依靠睾丸激素发育的鸡冠和垂肉也只有正常大小的三分之一。

精子本身也会明显地受到ATP缺乏的影响。实验表明，雄性的精子的活力会因为摄入二硝基酚而减弱。因为二硝基酚能够破坏能量偶联机制，并不可避免地导致能量供应的减少。还有其他的化学物质经过研究已被证明具有同样的作用。已有医学报告说明，从事空中喷洒DDT的工作人员的精子已出现衰退的迹象，这证明人类是会受到影响的。

对于作为整体的人类来说，比个体生命更加宝贵的财富是我们先天所拥有的遗传物质，这是我们将过去和未来联系起来的纽带。通过漫长的进化演变，我们的基因不仅将我们人类塑造成现在这个模样，而且未来的好坏也在它们微小形体内物质的掌控之中。然而现在，我们人类正面临着因为人为因素所导致的危害的威胁，有人认为，“这是对人类文明最后的和最大的威胁”。

化学药物和放射作用又一次表现出它们不可避免的相似。

活体细胞会遭受放射性物质的各种伤害，活体细胞的正常分裂能力可能遭到放射性物质的破坏，它的染色体结构可能会被改变，或者带有遗传物质的基因可能经历突然变化，这种突然变化被称为“突变”，这种突变将导致细胞在其后代中产生新的特性。如果细胞是极敏感的，那么这些细胞可能会马上被杀死；如果不是，那么在多年以后，这些细胞最终会变成恶性细胞。

在实验研究中，大量被称为似放射性或似放射作用化学物质已经显示出那些放射性作用的危害结果。许多被用作农药、除草剂或杀虫剂的化学物质都属于这一类物质，它们能够破坏染色体，干扰正常的细胞分裂，或者引起细胞突变。这类化学物质能够对暴露在农药中的个体生命造成严重的伤害，它们能够损害这些个体生命的遗传物质，从而能够对它们的后代造成影响。

在几十年之前，还没有人知道放射性的这些影响，也没有人知道这些化学物质的作用；在那时候，原子还未被分离出来，可以模仿放射作用的化学物质几乎还未从化学家的试管里孕育出来。然而到了 1927 年，得克萨斯大学动物学教授 H. J. 穆勒博士发现将一个有机体暴露于 X-射线中，它就会在以后的几代中发生突变。随着穆勒的这一发现，这扇科学和医学知识新领域的大门就被打开了。穆勒因为自己以后的成就而获得了诺贝尔医学奖。后来，这个世界很快就与放射性尘埃打交道了，现在在这个世界上，哪怕不是科学家的普通人也知道放射性的潜在危害了。

在二十世纪四十年代初还有一个随之而来的发现，尽管很少有人注意到。在爱丁堡大学，夏洛特·奥尔巴赫和威廉·罗伯森在芥子气的研究中，发现这种化学物质造成了染色体的永久性变态，并且无法辨别这种变态与放射性所造成的变态的区别。芥子气也能引起果蝇的突变。这样一来，第一种化学致变物就被发现了。

现在，与芥子气有同样致变作用的化学物质已经可以列出一个长长的名单了，我们已经知道这些化学物能够改变动物和植物的遗传物质。为了了解化学物质为何能够改变遗传过程，我们首先必须了解当生命处于活的细胞阶段时的基础演变。如果身体要生长，如果生命之源要一代一代地传下去，那么组成体内组织和器官的细胞就必须具有不断增长繁殖的能力，而这个过程是通过细胞的有丝分裂或核分化来完成的。在一个即将分裂的细胞中，首先会在细胞核中发生重要的变化，最后发展到整个细胞。在细胞核内，为了本身能够排列成旧的式样，染色体发生了神奇地移动和分裂，在这种旧的式样的模式下，决定遗传因素的基因将特征传给子代细胞。通过这种方式，每一个新的细胞都将含有一整套染色体，而所有的遗传信息密码就排列在染色体中。通过这种方式，生物种属的完整性就被保留下来了。

在胚胎细胞的形成过程中，一种特殊类型的细胞分裂将会发生。因为对某些种类的生物来说，其染色体数目是一个常数，所以，卵子和精子只能带着一半数目的染色体进入新的结合体来结合成一个新个体。在产生新细胞的分裂作用过程中，通过染色体行为的变化，这一过程得以精确完成。此时的染色体自身并不分裂，而是由每对染色体中分离出的一个染色体完整地进入每一个子代细胞。

细胞分裂揭示了整个生命发展的关键。对于地球上的任何生物来说，细胞分裂的过程都是一样的；如果没有细胞分裂，无论是人还是变形虫，无论是巨大的红杉还是极小的酵母细胞，它们都不能够继续存在。因此，任何妨害细胞有丝分裂的因素对有机体的兴旺发达及延续后代都是严重的威胁。

“比如有丝分裂这样一些细胞组织的主要特征已有五亿年之久，甚至接近十亿年。”乔治·盖洛德·辛普森和他的同事彼谭德莱、蒂夫尼在他们内容涉及广泛、名为《生命》的一书中这样写道：“从这个意义上来看，虽然生命世界毫无疑问是虚弱和复杂的，但是它在时间上却是不可思议的经久不衰——甚至比山脉还要历久不衰。而这种持久性完全依赖于几乎不可思议的精准性——遗传信息带着这种精准性由一代复刻着另一代。”

但是在这亿万年的全部过程中，这种“不可思议的精准性”从未遭受过如二十世纪中期由人造放射性、人造及人类散布的化学物质所带来的如此直接和巨大的伤害。一位卓越的澳大利亚医生、诺贝尔奖获得者麦克法兰·伯内特先生认为上述情况是我们时代“最重要的医学特征之一，随着医疗手段和新型化学药物的发展，保护人体体内器官免受诱变物质侵犯的屏障已越来越频繁地被突破了。”

我们对人类染色体的研究还处于初级阶段，所以只是在最近，研究环境因素对染色体的作用才变得可能。直到1956年，因为新技术的出现才使得精确确定人类细胞中染色体的数目（46个）成为可能，并且使如此细致入微地观察它们成为可能，整个染色体或部分染色体的存在与否通过这种观察也能被检查出来。相对而言，由环境中的某些因素而引起的遗传危害的整个概念是比较新颖的。因为只有遗传学家能够理解这个概念，所以普通人很难接受这些遗传学家的意见。各种形式的辐射危害已被人们充分了解，但在一些地方仍被否认。穆勒博士常常感到惋惜的是“不仅仅有这么多的政府政策制定者，而且还有这么多的医学专家，他们都拒绝接受遗传原则”。现在，公众几乎并不知道化学物质可以与放射性起到同样作用的这一事实，而且这个事实同样也没有被大部分的医学工作者和科学工作者所知晓。正因为如此，化学药物的广泛使用的影响至今仍未得到评估，但这种评估是极为必要的。

在对这种潜在危险作出评估方面，麦克法兰先生并不是孤立无援的。一位英国的权威专家皮特·亚历山大博士曾说过：“与放射性物质相比，与其具有类似作用的化学物质的危害更大。”穆勒博士根据几十年来在基因方面的深入而卓越的研究提出了颇有预见性的警告，各种化学物质，包括那些农药，“能够像由放射性引起的一样提高突变的频率……在现代文明生活中，人们经常暴露于不常见的化学物质下，我们的基因已经遭受了这样的致变物的相当程度的影响，但至今我们对这一程度几乎还是毫无所知。”

也许是因为这样一个事实——最初发现化学致变物仅仅是出于学术

上的目的，导致人们对化学致变物问题的普遍忽视。氮芥子气始终没有从空中向整个人群喷洒；实验生物学家或生理学家控制着这种物质的使用方式，他们将它用于治疗癌症。但是杀虫剂和除草剂已经在与人群亲密接触了。

只要稍微留意这个问题，就可以收集到一定数量有关农药的专门资料，这些资料显示：从微小的染色体损害到基因突变，这些农药以多种多样的方式妨害着细胞的氧化过程，甚至最后会造成恶性变异的灾难性后果。比如，在 DDT 中暴露的蚊子经过几代之后已转变为一种雄雌同体的怪异生物。

植物在被多种酚类处理后，其染色体遭到了严重毁坏，基因发生变化，出现大量的突变和“不可逆转的遗传改变”。当遗传实验学的经典材料——果蝇遭受苯酚作用后，突变也在它们身上发生了；这些果蝇发生了如同暴露于一种普通的除草剂或尿烷一样危险的突变，达到了致死的程度。尿烷属于被称为氨基甲酸酯的那类化学物质，这类化学物质中正在不断涌现出越来越多的杀虫剂和其他农用化学物质。有两种氨基甲酸酯已在生活中被用来防止储藏的马铃薯发芽——因为它们中断了细胞的分裂作用，这一点已被证实。

经过六氯化苯（BHC）或林丹处理的植物会变得稀奇古怪，像肿瘤一样的块状突起物会出现在它们的根部。它们的细胞的体积变大了，这是由于染色体数目的倍增而导致的肿大。在未来的细胞分裂中，染色体将继续倍增下去，直到因为体积过大，细胞分裂不得不停止。

植物被除草剂 2，4-D 喷洒后也会长出肿块，除草剂 2，4-D 会使植物的染色体变短、变厚，并聚积在一起。植物细胞的分裂被严重阻碍了。这种影响被认为与 X-射线所能产生的影响十分相似。

以上只不过是一部分例子，还有更多的事实都能被列举出来。直到现在，检验农药的致变作用的广泛研究还未开展。上述列举的事实都是细胞生理学或遗传学的研究成果，但直接针对这个问题进行研究的需要已是迫在眉睫了。

有些科学家认为环境放射性对人体存在潜在影响，但他们却怀疑致变性化学物质是否也具有相同的作用。他们举证了大量有关放射性物质侵入机体的事实，却怀疑化学物质能否达到胚胎细胞。此时，我们依旧缺少对人体直接进行研究的证据。但是，在鸟类和哺乳动物的生殖器官和胚胎细胞中发现有大量 DDT 累积的现象是一个有力的证据，至少说明氯代烃不仅广泛地分布于生物体内，而且已接触遗传物质。宾夕法尼亚州立大学的大卫 E. 戴维斯教授最近已发现，能够阻止细胞分裂和用于癌症治疗的强效化学物质也能导致鸟类不孕。就算不足以致死，这种化学药物也足以让生殖器官的细胞分裂中止。大卫教授已经成功地进行了野外实验。显而易见的是，几乎没有什么理由能给人们带来各种各样生物的生殖器官能够避免环境中各种各样化学物质的侵害的希望。

染色体变态领域最近所取得的医学发现是非常吸引人和影响深远的。在 1959 年，一些英国和法国的研究小组发现他们各自独立进行的一系列研究得出了一个相同的结论，即人体内正常染色体的数目遭到破坏会导致很多疾病。在这些小组所研究的某些疾病和变态中，染色体的数目与正常的数值不同。这一情况解释了为什么所有典型的蒙吉型畸形病人都有一个多余的染色体。这个多余的染色体有时是附在另外的染色体上，所以染色体的数目仍然为正常的 46 个。一般的规律是，这一个多余的染色体独立存在，因而使染色体的数字达到 47 个。这些缺陷发生的根本原因肯定来自他们的上一代。

而对于患有慢性白血球增多症的某些病人来说，病因是另外一种原因。医生在他们的血液细胞中发现了同样的染色体变态。这个变态包括染色体的部分残缺。在这些病人的皮肤细胞中，染色体数目也是正常的。这个结果表明，染色体的残缺并不是发生在形成这些生物体的胚胎细胞中，而仅仅出现在某些特定的细胞中。（在这个例子中，最先被伤害的是血液细胞）因此对这样的患者来说，这个伤害不是在生命初期发生的，而是在病人生活的过程中发生的。残缺的染色体可能会使它们不能具备对正常行为的“指挥”功能。

这个新领域的大门自从被打开之后，与染色体被破坏有关的身体缺陷正以惊人的速度增长着，现在已超出医学研究的范畴。仅知有一种名为克兰弗特病的并发症是与一种性染色体的倍增有关。发病的生物是雄性的，不过，因为它带有两个 X 染色体（染色体变成 XXY 型，而不是正常的雄性染色体 XY 型），这样一来就变得有些不正常了。患者不仅有在这种情况下所发生的不孕症，常常同时还有身长过高和精神缺陷的症状。相反的，仅仅得到一个性染色体（即 XO 型，而不是 XX 型或 XY 型）的生物体实际上是雌性的，但缺少许多第二性特征。与这种情况同时出现的常常是一些生理的缺陷，有时甚至是精神的缺陷，究其原因当然是因为 X 染色体带有自身的各种特征的基因。这些病在被人们知晓之前早已在医学文献中有所记载了。

很多国家的研究人员正在研究染色体异常的问题上进行着大量的研究。由克劳斯·巴陀博士所领导的一个威斯康星州大学的研究组一直在研究各种先天性变态，智力发育迟缓是这些先天性变态中常见的一种。这是因为一个染色体的部分倍增导致的，就好像是在一个胚胎细胞形成的时候，一个染色体被打破了，但它的碎片并没有各就其位的重新排列好。

这种错误可能会阻碍胚胎的正常发育。

根据现有的知识，一个完全多余的人体染色体的存在通常是致命的，它能导致胎儿的死亡。在这种情况下，目前只知道三种方式可以使胎儿继续存活，其中之一是唐氏综合症，虽然多余的一条染色体会造成严重的伤害但还不至于致命。根据来自威斯康星州研究者们的观点，这种情况能够给与一些目前仍旧没有确切调查清楚的病例一定合理的解释。在这些病例中，这些儿童从出生的时候就带有各种各样的缺陷，其中常见的就是智力发育迟缓。

一直以来，科学家都在不断研究有关造成疾病和发育缺陷的染色体变态的联系，但始终未能找到确切的原因，所以这是一个全新的领域。认为细胞分裂过程中染色体被破坏或者染色体异常是由单一因素引起的这种想法显然是非常不明智地。现在，我们的生活环境中到处都是各种各样地化学物质，这些化学物质有能力直接伤害染色体，并能直接精准的对染色体进行攻击，从而导致各种各样的疾病。我们人类为了得到一个不生芽的土豆或一个没有蚊虫的院子，付出的代价难道不是过高了吗?

如果我们愿意，我们是有能力降低这种对我们基因天性的威胁的；这种基因经过了大约20亿年的活原生质的进化和选择之后才进入我们身体，这种基因仅在目前暂时属于我们，我们以后还要将它传给我们的后人。我们现在要全力保护基因的完整性，我们现在做得还远远不够。虽然法律要求化学物质的制造厂商检验其产品的毒性，但没有法律要求他们去检验这些化学物质对基因产生的影响，所以在实际中，他们从来无视这些要求。

十四　每四个中有一个

生物与癌症的斗争已经由来已久，而起因因为太久远以致人类无法知晓。但最开始的病因肯定是因为自然环境。在自然环境中，任何生物都受到太阳、风暴和地球古代自然界所带来的各种或好或坏的影响。环境中的一些因素导致了灾难，面对这些灾难，生命要么就适应，要么就被淘汰。阳光中的紫外线可以造成恶性病变。从某些岩石中放出的射线也有相同的作用，从土壤或岩石中冲刷出来的砷也能污染食物或饮水。

在生命还没有出现之前，环境中就已存在着这些敌对的因素；然后生命出现了，并且在经过几百万年之后，它已数量大增，种类繁多起来。经过了那个属于大自然的漫长时代，生命达到了与破坏力量相融合的状态；选择性地淘汰了那些适应能力差的生命，而只让那些对环境最有抵御能力的种类存活下来。这些自然致癌因子现在仍是产生恶性病变的一种因素，但现在它们已经数量很少，并且生命从一开始就已对它们那种古老的作用方式习惯了。

随着人类的出现，情况发生了变化，因为人类不同于其他所有形式的生命，他能够创造产生癌症的物质，这些物质在医学术语上被称为致癌物。几百年以来，一些人造致癌物已成为环境的一部分。含有芳烃的烟尘就是一种。随着工业时代的来临，我们的世界已变成了一个始终在飞速变化着的地方。人造环境正在迅速的代替自然环境，而这个人造环境是由许多新的化学物质和物理因素组成，并且其中许多的因素具有引起生物学变化的强大能力。人们至今还不能保护自己免遭这些由人类自身活动所创造出的致癌物的危害，这是因为人类生物学的遗传性进化缓慢，所以它对新情况的适应也很缓慢。其结果是，这些强大的致癌物很容易就能击穿人体脆弱的健康防线。

虽然癌症已经存在了很长时间，但我们对于癌症起源的认识一直是很不成熟的、相当落后的。在接近两个世纪之前，一个伦敦医生首先发现外部的或环境的因素可能引起恶性病变。1775 年，波斯渥尔·波特先生宣称，积累在扫烟囱的人体内的煤烟肯定与这个群体中普遍出现的阴囊癌有关。当时这个医生并不能提供我们现在所需要的那“证据”，现在，已通过近代研究方法将这种导致死亡的化学物质从煤烟中分离出来了，并且证明了这位医生的观点是正确的。

波特发现，人类环境中的某些化学物质通过与皮肤接触、呼吸或饮食的多次接触能引发癌症。在此发现后的一个多世纪内，人们对于这方面的认识并没有取得多少新进展。人们早已注意到在康沃尔和威尔士的铜冶炼厂、锡铸造厂里，皮肤癌在那些暴露于砷蒸汽的工人们中流行。人们认识到，在萨克森的钴矿和波西米亚的约阿希姆斯塔尔铀矿中的工人们经常会患上一种肺部疾病，后来诊断这是癌症。但是这都是在矿区中发现的现象，后来在工业的规模大肆扩张之后，这些产物就几乎侵入到了环境中的每一个生命体中。

人们在十九世纪的最后二十五年中对于源于工业时代的恶性病变开始有所警觉。当巴士德发现微生物是导致许多传染病的病因时，与此同时，另外一些人却正在将癌症的化学病因慢慢揭示出来。发生在撒克逊的新兴褐煤工业和苏格兰页岩工业的工人中的皮肤癌与其他癌症都是因为工人因为职业需要而暴露于柏油和沥青所导致的。近十九世纪末，人们已经知道有六种工业物质是致癌的，二十世纪人们创造出了无数新的化学致癌质，并且人们还与它们进行了广泛密切的接触。在波特进行研究后的不到两个世纪内，环境状况已在大范围内发生了巨大变化。人们不仅因为职业需要而去接触危险化学物质；这些化学物质已进入了每个人的生活中，甚至是孩子和还未出生的婴儿都已接触到了这些化学物质。所以，我们现在遭遇了这种恶性疾病的急剧增多并不是一件稀奇事儿。

这种恶性病急剧增多的观点并非主观臆想。人口统计办公室在 1959 年 7 月的月报中报告了包括淋巴和造血组织恶变在内的恶性疾病增长的情况，1900 年的死亡率仅为 4%，而到了 1958 年，死亡率增长为 15%。美国癌症协会根据这类疾病目前的发病率预测，在现在活着的美国人中最终会有四千五百万人患上癌症。这也即是，每三个家庭中有两个人要遭受恶性疾病的伤害。

在孩子中间出现恶性疾病的现状更是令人感到深深的担忧。就在 25 年前，医学上认为孩子患上癌症是罕见的事情。但在今天，死于癌症的美国学龄儿童比死于其他任何疾病的儿童都多。因为情况已变得非常严峻，所以美国第一所治疗儿童癌症的医院在波士顿建立了。年龄范围在 1—14 岁的孩子的死亡有 12%是由癌症引起的。在临床中，大量的恶性肿瘤在 5 岁以下的儿童中发现。但可怕的是，现有在已出生或待产的婴儿中，这种恶性肿瘤正在急剧增多。美国癌症研究所的 W. C. 休珀博士是早期的一位环境癌症权威，他指出，先天性癌症和婴儿患癌可能与母亲在怀孕期内曾暴露于致癌因素中有关，这些致癌因素进入胎盘，并且在迅速发育着的胎儿组织上起作用。实验已证明，受到致癌因素影响的动物越是年幼越容易患上癌症。佛罗里达大学的弗兰西斯·雷博士发出警告，“因为化学物质混入了食物中，所以我们可能正在将癌症带给了现在的孩子们……我们很难想象，在一两代中会出现什么样的后果。”

在这儿，我们需要关注的问题是，在那些我们试图控制自然时所使用的化学物质中，究竟是哪些物质对引发癌症起到了直接或间接的作用。从动物实验中我们可以得出这样的结论：五种，也可能是六种农药必定是致癌物。如果再把那些被部分医生认为会引起人类白血球增多症的化学物质加上去，那么这个致癌物的名单就变得很长了。在这里，结论是根据情况推测出来的，因为我们不能在人体上做试验，所以也只能得到这些结论；尽管如此，这个结论仍然是令人印象深刻的。当我们把那些对活体组织或细胞具有间接致癌作用的化学物质也算进去的话，那么这个名单中会有更多名称的农药加入。

最早发现的与癌有关的农药之一是砷，它以亚砷酸钠的形式作为一种除草剂出现。在人体与动物中，癌与砷的一直都有着牵扯不断的关系。休珀博士在他的《职业性肿瘤》一书中讲述了一个在砷中暴露的一个严重例子。人们在位于西里西亚的雷钦斯坦城开采了近千年的金矿、银矿，并且几百年来一直在开采砷矿。几个世纪以来，山中流水经过时冲走堆积在矿井附近含砷废料中所含的砷。地下水也被砷污染了，饮用水中也有了砷。在几个世纪中，当地的许多居民都染上了一种后来被称为“雷钦斯坦病”的疾病，它是砷在起慢性的作用，能引起肝、皮肤、消化和神经系统紊乱。恶性肿瘤常常伴随着这些疾病一起发生。现在，雷钦斯坦病只是历史中的一种疾病了。因为在二十五年前改用新水源后，水中的砷大部分已被清除了。同样，在阿根廷的科尔多瓦，因为源自含砷岩层的饮用水已被污染，所以出现了一种地方病——能够导致皮肤癌的慢性砷中毒。

长期使用含砷杀虫剂所导致的后果很可能与雷钦斯坦和科尔多瓦的情况相似。在美国西北部的烟草种植区和许多果园区以及在东部种植曼越橘的地区，那儿已被砷浸透了的土壤都很容易造成供水的污染。

被砷污染的环境对人对动物都造成了不良的影响。1936 年，从德国传来了一份意味深长的报告。在萨克森的弗赖贝格附近，银和铅的冶炼厂向空中排放含砷气体，含砷气体飘向周围的农村，并落在植物上。根据休珀博士的报告，那些以这些植物为食的动物——马、母牛、山芋和小猪都表现出毛发脱落和皮肤增厚的症状。在附近森林中生活着的鹿身上有时也出现不正常的色素斑点和癌症前期的庞肿，这是明显的癌症病变。无论是家养的动物还是野生的动物都遭受了“砷肠炎、胃溃疡和肝硬化”的痛苦。在冶炼厂附近放牧的绵羊患上了鼻窦癌；在它们死后，实验人员在它们的大脑、肝和肿瘤中检测出了砷。在这片地区，还有“大量昆虫死亡，特别是蜜蜂。下雨以后，雨水将树叶上的含砷尘埃冲刷下来，并把它们一直带进小溪和池塘中，大量的鱼也死掉了”的情况发生。

一种广泛用于消灭螨和虱子的化学物质就是属于新型有机农药这类致癌物中的一种。这种农药存在的来龙去脉充分说明了一个事实——尽管法律在尽力保护人民，但是因为这种为了控制中毒而提出的法律诉讼处理的进程太慢，所以在判决下来之前，人们已在一种已知的致癌物中暴露太多年。从一个角度来看，这个过程也是很讽刺的。这证明了今天试图说服民众接受的“非常安全”的事物，到了明天就可能变成极度危险的事物。

1955 年，当这种化学物质被引进时，制造商就提出了一个所谓的容许值，此容许值允许使用这种药物的粮食作物中出现少量的残毒。根据法律要求，这种化学物质已在动物身上进行过了动物实验并已提交实验结果。但是，食品与药物管理处的科学家们却认为这些实验正好显示出这种化学物质可能致癌，所以，该处的委员提出了一个“零允许值”——即在跨越州际运输的食物中，法律上不允许出现任何残毒。但是，制造商有权上诉，所以这一案件被重审。最后这个委员会作出了折中的决定：确定容许值为百万分之一同时允许产品在市场上销售两年时间，在这段时间内继续实验以确定这种化学物质是否真的能够致癌。

尽管该委员没有明说，但是它的这个决定显而易见的就是让民众们承担了豚鼠的角色，民众要和实验室里的狗、老鼠一样去接受可疑致癌物的检验。动物实验很快就得出了结论，两年之后，这种杀螨剂就被确定为是一种致癌物，其残毒还污染着卖给民众的食物。甚至在这种情况下，1957 年，食品与药物管理处仍然不能立即废止为这个已知致癌物所设置的残毒容许值。第二年，各种法律程序的流程又花费了一年时间。最后，在 1958 年 12 月，食品与药物管理处委员会在 1955 年所提出的零允许值才开始起效。

但这绝对不是唯一的致癌物。在实验室内对动物进行的试验中，DDT 导致了令人怀疑的肝肿瘤。曾经报道过这些肿瘤的食品与药物管理处的科学家们在对这些肿瘤进行分类时感到相当的不确定，但是认为“把它们看作一种低级的肝细胞癌肿是合理的。”现在，休珀博士已对 DDT 给予了明确的评价——“化学致癌物”。

人们已发现属于氨基甲酸酯类的两种除草剂 IPC 和 CIPC 能够引起老鼠皮肤肿瘤，其中一些肿瘤是恶性的。恶性病变似乎是由这些化学物质引起的，后来又可能受到外面流行的其他种类化学物质的影响才导致完全的病变。

除草剂氨基三唑能在实验动物身上引起甲状腺癌。1959 年，许多种植蔓越橘的人胡乱使用了这种化学物质导致市场上售卖的一些浆果中出现了残毒。食品与药物管理处将这些被污染的橘子全部没收了，这引起了人们的争论，人们纷纷控诉，甚至许多医学与药物管理处所提出的科学事实都清楚地证明了氨基三唑能导致实验鼠类患癌。当用含百万分之一百这种化学物质的水喂养这些动物（即在每一万匙水中加入一匙这种化学物质）时，它们在第 68 个星期开始出现甲状腺肿瘤。两年之后，被检查的老鼠中有一半以上体内都出现了这种肿瘤，诊断发现是各种良性与恶性肿瘤。在更低的用药水平上也会出现这些肿瘤，事实上，在任何一种用药水平上都可能出现这种肿瘤。当然，没有人知道氨基三唑究竟达到何种水平时对人体来说就是一种致癌物，不过正如哈佛大学的医科教授大卫·鲁斯顿博士所指出的，虽然这个剂量水平看起来微不足道，却与人体健康息息相关。

到目前为止，人们还没有足够的时间弄清楚新的氯代烃杀虫剂和现代除草剂所能产生的全部影响。大多数恶性病变的发展很缓慢，受害者需要经过一生中相当长的一段时间后才会表现出临床症状。在二十世纪二十年代初期，那些在钟表表面涂刷发光料的妇女们因为唇部接触毛刷而误吞入了少量的镭；其中一些妇女在十五年或较长时间之后，患上了骨癌。因为职业原因而与化学致癌物接触而患上的一些种类的癌症要在十五年至三十年甚至更长的一段时间内才能表现出来。

与在工业中暴露于各种致癌物的工人相比，1942 年时，军人首先接触了 DDT，普通居民是 1945 年。直到二十世纪五十年代早期，各种各样的杀虫剂才投入使用。这些化学物质已经撒下了导致各种恶变的种子，这些种子的成熟期正在慢慢到来。

潜伏期很长对大多数恶性病变来说是一个普遍现象，但这其中却有一个现在以广为人知的例外，那就是白血球增多症。在广岛原子弹爆炸之后仅三年，白血球增多症就开始在广岛的幸存者中出现，现在还没有任何恶性病变的潜伏期比它更短。也许比它潜伏期更短的其他类型的癌症迟早会被发现，但在目前看来，白血球增多症是癌症病变极为缓慢的一般规律的一个例外。

在流行喷洒农药的现代，白血病的发病率一直在稳步上升。从国家人口统计办公室得来的数据清楚地表明，患上血液类恶性病变类疾病的患者人数正在急剧增长。1960 年，仅死于白血病的患者就高达 12，290 人。1950 年，死于所有类型的血液和淋巴恶性肿瘤的患者有 16，690 人，而到 1960 年，人数猛增到 25，400 人。死亡率由 1950 年的十万分之十一点一增长到 1960 年的十万分之十四点一。不仅在美国，所有其他国家的已登记的各种年龄段的白血病死亡人数都在以每年 4%—5%的增长速度在增长。这意味着什么呢？现代人是否越来越多地被暴露于某种或某些对我们环境来说是陌生的致毒因素中呢？

许多如梅约诊所这样世界著名的机构已确诊患有血液器官这类疾病的患者已达数百人。在梅约诊所血液科工作的马尔克姆·哈格莱维斯及其同事报告说，这些患者毫无例外地都曾暴露于各种有毒的化学物质中，其中包括喷洒含有 DDT、氯丹、苯、林丹和石油蒸馏物的药剂。

哈格雷夫斯博士相信，因为使用各种各样有毒物质所导致的相关环境疾病的患者一直在增多，“尤其在最近十年中”。他根据自己多年来的临床经验判断“绝大多数患有血液不良和淋巴疾病的患者都有曾经常性暴露于各种烃类，而现在大部分农药就是这些烃类。从一份记载详细的病历几乎就能看出这一联系。”这位专家现在掌握着大量的、详细记录每个患者情况的病历，他注意到这些病例中有白血病、发育不良性贫血、霍金斯病及其他血液和造血组织的紊乱。他报告说：“他们都曾接触过这些环境中的致癌因素。”

这些病历能够说明什么呢？其中一份病历属于一个讨厌蜘蛛的女性患者，这是一名家庭妇女。八月中旬，她带着含有 DDT 和石油蒸馏物的空中喷洒剂进入了地下室。她彻底地对地下室进行了喷洒。楼梯下、水果柜里、所有围绕着天花板和椽子的蜘蛛能够藏身的地方都被喷洒了药物。当她喷洒完毕后，她开始感到十分的不舒服，恶心、极度烦躁和神经紧张纠缠着她。在之后几天内，她感觉稍微恢复了一些。但显而易见的是，她并没有了解到造成自己极度不适的真正原因。九月时，整个过程又重复了一次：她又去地下室喷洒了两次化学药物，喷洒后她就病了，然后又暂时康复了。当她第三次向空中喷洒化学药物后，新的症状出现了：发烧、关节疼痛和一些其他的不适，一条腿患上了急性静脉炎。经哈格雷夫斯博士检查后，她被确诊患上了急性白血病。第二个月，她就死去了。

哈格雷夫斯博士的另一个病人是一位在职人员，他在一栋被蟑螂占领了的古老建筑物里办公。因为这些蟑螂令他搞到困扰，所以他就自己动手去消灭这些蟑螂。他花了大半个星期天的时间去喷洒了地下室和所有间隔地区。喷洒药物是浓度为 25%、悬浮状的、溶于甲基萘溶液中的 DDT。不一会儿，他就开始皮下出血和吐血。在进入诊所时，他还在大出血。对他血液的进行检测后表明，这是一个被称为发育不良性贫血的骨髓机能严重衰弱。在之后的五个半月中，除了接受其他治疗外，他一共接受了 59 次输血，虽然他恢复了部分健康，但在大约九年后，他患上了致病的白血病。

在这些病历中提到的农药所含有的化学物质中最打眼的是DDT、林丹、六氯苯、硝基酚、普通除虫的对二氯苯、氯丹，当然还有溶解这些药物的溶剂。正如一位医生所强调的，单纯地暴露于某一种化学物质中的情况是一个特殊情况而不是一个普遍情况；因为这些商业产品常常都是含有多种化学物质的综合体，这些化学物质会溶于石油分馏物。含有芳香族和不饱和烃的溶剂本身可能就是导致造血器官受损的主要因素。从实践的观点来看（而不是从医学观点来看），这个差别无关紧要，因为这些石油溶剂是最普通的喷药操作中必不可少的一部分。

在美国和其他国家的医学文献中记载着许多有意义的病例，这些病例对哈格雷夫斯博士的观点提供了有力支持，哈格雷夫斯博士确信这些化学物质与白血病及其他血液病之间存在着因果关系。这些病例中的患者包括各种各样日常生活中的人，如遭到自己的喷药设备喷洒的药物或飞机喷洒的药物毒害的农民，一个在自己书房里为了消灭蚂蚁而喷洒药物后仍然留在书房中学习的学校学生，一个在自己家里安装了携带式林丹喷雾器的妇女，一个在喷洒过氯丹和毒杀芬的棉花地里工作的工人，等等。在专业医学术语的半遮半掩之下，这些病历中隐藏着许多催人泪下的人间悲剧，如发生在捷克斯洛伐克的两个表兄弟身上的事情。这两个孩子在同一城镇居住，并总是在一起工作和玩耍。他们最后所从事的、也是最致命的一项工作是在一家农场里卸载一袋袋的杀虫剂（六氯化苯）。八个月后，一个孩子病倒了，他患上了白血病，九天之后死去。就在这时，他的表兄弟也开始感到疲劳和发烧。三个月内，他的症状变得更加严重。最后他也住院了，诊断表明他所患的是急性白血病，他再一次证明了这种疾病必将导致死亡的后果。

另一个有关瑞典农民的病例总是不禁使人想起金枪鱼渔船“福龙号”上的日本渔民良保山。和良保山一样，这个瑞典农民的身体一直很健康，他在陆地上辛勤耕作就如良保山在海洋里讨生活。从天而降的毒药带给了他们每人一份死亡通知书。前者因致毒的放射性微尘被宣判了死刑，后者因化学粉尘被宣判了死刑。这个农民用含有DDT和六氯化苯的药粉处理了大约60英亩土地。当他工作时，药粉的烟雾被风吹得在他周围旋转。就在那天晚上，他感到异常困倦，并在之后的几天中，他一直感到虚弱无力，背疼、腿疼、发寒同时侵袭着他。他不得不躺在床上休息。路德医务所的报告说，“他的情况越来越严重，5月19日（喷药后一周），他要求住院治疗。”他发高烧，血细胞计数结果也不正常。他被转到大路德医务所，并在患病两个半月后在那儿死去了。尸检结果表明他的骨髓已经完全萎缩了。

细胞分裂如此重要的正常过程竟然被破坏了，这是严重而违反常规的，这已引起了无数科学家的重视，人们也花费了大力量的资金对此进行研究。究竟在一个细胞内发生了什么变化，使得细胞从有规律的增长变成了不可控制的癌瘤的肆意增生？

将来如果能够知晓答案的话，那么这些答案一定是多种多样的。因为癌症本身就有多种形态，其病源、发展过程和控制其生长或退化的因素都各不相同，所以癌症表现出来的形式也各不相同，对应的原因也是各种各样的，细胞受损也许只是少数几种癌症的原因。世界各地都在进行研究，有时不仅仅针对癌症。在研究过程中，我们看到了朦胧的微光，这微光总有一天能将这个问题照得透亮。

我们进一步发现，仅仅对细胞及其染色体这些构成生命的最小单位进行观察就能得到拨开这片神秘云雾所需的更多信息。在这儿，在这个微观世界中，我们必须寻觅那些用某种方式改变了细胞的奇妙机能并使其脱离正常状态的各种因素。

令人难忘的一个有关癌细胞起源的理论是由一位德国生物化学家奥特·沃伯格教授提出的，他在马克斯·普朗克细胞生理研究所工作。瓦勃格将他的一生都奉献给了细胞内氧化作用复杂过程的研究。因为他进行了大量的广泛的基础性研究，所以他对正常细胞如何变成癌细胞这个问题做出了清晰的、令人信服的解释。

沃伯格认为，无论是放射性致癌物还是化学致癌物，它们都是通过破坏正常细胞的呼吸作用而剥夺了细胞的能量。频繁的、反复的少量暴露可以达到这个目的。一旦这种影响产生了便不可逆转了。尚未被影响呼吸作用的毒素直接杀死的细胞将竭尽全力补充失去的能量。它们不再能继续进行那种产生大量 ATP 的、出色而高效的循环，于是它们就返回到一种原始的、效率极差的通过发酵作用进行呼吸的方式。借助发酵作用来维持生存的斗争经常会持续很长一段时间。这种发酵的呼吸方式通过以后的细胞分裂传递下去，所以后来产生的全部细胞都具有这种非正常的呼吸方式了。一旦一个细胞失去了它正常的呼吸作用，它就不可能再重新得到这种作用——在一年、一代、甚至许多代里都不能重新获得这种作用。但是，在这种为恢复失去的能量而进行的激烈斗争中，这些存活下来的细胞开始一点一点地利用新产生的发酵作用来补偿能量。这就是达尔文的生存斗争，在这种斗争中只有最适宜的、适应性最强的生命体才能存活下来。最后，这些细胞达到了这样一种状态，在这种状态中，发酵作用能够产生像呼吸作用一样多的能量。在这种状态中，可以说癌细胞已从正常身体细胞中被创造出来了。

沃伯格的理论阐明了其他许多方面曾令人感到迷惑的事情。大多数癌症那么长的潜伏期就是细胞无限大量分裂所需要的时间，在这段时间里，因为呼吸作用和发酵作用的此消彼长——呼吸作用开始被破坏，发酵作用渐渐增长起来。发酵作用发展到能够占据统治地位需要一定的时间，因为发酵作用在不同生物中的速度不同，所以在不同生物中所需的时间也不同：这个时间在鼠体内较短，所以癌在鼠身上很快就出现了；这个时间在人身上较长（有时甚至长达几十年），所以癌性病变在人身上的发展速度是十分缓慢的。

沃伯格的理论也解释了为什么在某些情况下，反复摄入小剂量致癌物比单独一次大剂量的摄入更危险。一次大剂量的摄入能够立即将细胞杀死，然而小剂量的摄入却允许一些细胞存活下来，但是这些存活下来的细胞已处于一种曾受过危害的状态。这些存活下来细胞之后就能发展成为癌细胞。这就是为什么对致癌物来说，没有任何一种程度的剂量是“安全”剂量的原因。

在沃伯格的理论中，我们也能找到对另外一个难以理解的情况的解释——同一个因素既能治疗癌症，也能引起癌症。众所周知，放射性就是这样，它既能杀死癌细胞，也能引起癌症。目前许多用于抗癌的化学药物也是如此。这是为什么呢？因为这两种方法都会破坏呼吸作用。癌细胞的呼吸作用本来已受到损害，所以再加上一些伤害后，它就被消灭了。而正常细胞的呼吸作用是第一次受到损害，所以它不会被杀死，而是开始迈向了最终可能导致癌变的道路。

1953 年，另外一些研究者仅仅通过在一个较长时期内断断续续地停止给正常细胞供氧，就能将这些正常的细胞转变为癌细胞，这时，沃伯格的观点就得到了证实。1961 年，他的理论又一次得到证实，这一次是用活体动物的实验来证明的，而不是使用人工培养的组织。在患癌老鼠体内注射放射性跟踪物质，然后精准地检测了老鼠细胞的呼吸作用，实验观察到细胞发酵作用的速度明显高于正常情况，这正好符合沃伯格的预测。

用沃伯格建立的标准来进行测定，大部分农药都达到了最严重的致癌物的标准。正如我们在前几章中所看到的，许多氯代烃、酚类和一些除草剂都能妨碍细胞中的氧化作用与能量产生作用。因此，它们可以创造出一些休眠癌细胞，在这种细胞中，不可逆转的癌变将会长期处于休眠状态而无法被发现，以致最后当它的病因已长期被人遗忘、甚至不再被人怀疑时，这些细胞才以显而易见的癌症症状出现在光天化日之下。

导致癌症的另一个原因可能是由染色体引起的。这个领域内的许多卓越的研究人员都用疑虑的眼光看待危害染色体、干扰细胞分裂或引起突变的所有因素。在这些忧心忡忡的人看来，任何突变都是一种潜在的致癌因素。虽然关于突变的争论常常涉及可能在未来几代中才能发现受到影响的胚胎细胞的突变问题，但身体细胞本身也同样存在着突变。根据癌症起源于突变的理论，一个细胞在放射性或化学药物的作用下，也可能发生突变，因为突变使细胞摆脱了维护细胞正常分裂的机体控制作用，所以导致这个细胞能够以一种狂放和不规律的形式繁殖起来。繁殖出的新细胞因为是这种分裂的产物，所以它们同样具备不受机体控制的能力，因此在长时间内，这些细胞积累起来形成了癌瘤。

其他研究者们发现了一个事实，即癌组织中的染色体是不稳定的，它们容易破裂或受到损害；染色体的数量也不是正常的，甚至在一个细胞中会出现两套染色体。

阿尔伯特·莱凡和约翰 J. 比瑟是第一次对从染色体变态发展为真实癌变的全过程进行研究的研究人员，他们在纽约的斯隆—凯特灵癌症研究所工作。在提到恶性病变和染色体破坏究竟孰先孰后时，这两位研究者毫不迟疑地表示："染色体的异常变化发生在恶性病变之前。"他们推测，在染色体最开始受到破坏而出现不稳定的情况后，许多细胞在很长一段时间内会反复试验（这就是恶性病变漫长的潜伏期），各种突变在这段时间中累积起来，导致细胞脱离控制，开始无规律地增生，这就是癌症。

欧几维德·温吉是早期提倡染色体稳定性理论的人之一，他认为染色体的倍增现象具有相当大的意义。通过反复观察后发现，六氯化苯及其同类林丹能导致实验植物细胞中染色体的倍增，而且这些化学物质与许多能够诊断确定的致命性贫血症都有联系，那么它们之间是否有什么内在的联系呢？这么多种农药中，究竟是哪些种农药妨碍了细胞分裂、破坏了染色体并引起突变呢？

白血病的性质是显而易见的，白血病是一种因为暴露于放射性或与放射性有相似作用的化学物质中而引发的最普通的疾病。物理或化学致变因子打击的主要目标是那些分裂作用特别蓬勃的细胞。这包括了许多组织，不过最重要的是那些制造血液的组织。骨髓是人体中红血球的主要制造者，它每秒向人体血液中释放出接近一千万个新的红血球细胞。白血球以不稳定的速度在淋巴结和一些骨髓细胞中快速形成。

某些化学物质使我们再次想起了放射性产物锶 90，这些化学物质对骨髓具有特殊的亲合性。苯是杀虫药溶剂中常见的一种成分，它能进入骨髓，还能在那儿积累长达二十个月之久。多年以来，医学文献中早已将苯确定为是导致白血病的一个病因。

快速生长着的儿童身体组织也能为癌变细胞的发展提供一种最适宜的条件。麦克华伦·勃尼特先生指出，白血病不仅在全世界范围内增长，而且它已在 3—4 岁的年龄段中变得极为常见了，但这个年龄段的儿童的其他疾病并没有高发的危险，这位权威谈道："这种在 3—4 岁年龄之间所出现的白血病爆发峰值是因为这些儿童在出生前后曾暴露于致变的刺激物中，除了这种解释再没有什么别的解释了。"

另一种已知的可能导致癌症的致变物是尿烷。怀孕的老鼠经这种化学物质处理后，不仅母鼠出现了肺癌，幼鼠也同样出现了肺癌。在这一实验中，唯一让幼鼠暴露于尿烷的机会就是在出生之前，这证明尿烷一定通过了胎盘。正如休珀博士曾警告过的，如果人类接触了尿烷或相关化学物质，那么婴儿很可能因为出生前接触了这些物质而患上肿瘤。

类似氨基甲酸酯这样的尿烷与除草剂 IPC 和 CIPC 有化学上的关系。人们置癌症专家的警告于不顾，将氨基甲酸酯投入了广泛的使用中，它不仅被用作杀虫剂、除草剂、灭菌剂，而且还存在于增塑剂、医药、衣料和绝缘材料等各类产品中。

癌症也可能由很多间接的因素所导致。虽然有些物质从一般意义上来说并不是致癌物，但它可以对身体某些部分的正常机能起到坏影响，并由此引发恶性病变。对这个观点，有些癌症就是很好的重要例证，尤其是生殖系统方面的癌症，它们与性激素平衡被破坏有一定的联系；在某些情况下，这些平衡被破坏了的性激素反过来又导致一些其他后果，这些后果影响了肝脏维持这些激素保持在正常水平的能力。氯代烃就是这种类型的因素，因为所有氯代烃都能在一定程度上对肝脏起到毒害作用，所以它能够造成这种间接的致癌。

性激素在体内是正常存在的，它对刺激各种生殖器官的生长有着必要作用。身体有一种通过长时间建立起来的保护作用以避免激素的过量累积，肝脏具有能使雄、雌性激素之间保持平衡的作用（虽然数量比例不同，无论是雌性还是雄性都产生雄性激素和雌性激素），肝脏能够避免任何一种激素过多累积。但是，假如肝脏受到疾病或化学物质侵害缺乏维生素 B，那么肝脏的上述功能就会被破坏。在这种状况下，雌性激素就会达到异常高的水平。

这样导致怎样的后果呢？至少动物实验已为我们提供了大量的相关证据。其中一个就是由洛克菲勒医学研究所的一位研究人员发现的。肝脏因为疾病而受损的兔子的子宫肿瘤的发病率很高，研究人员认为这是因为肝脏已不能再抑制血液中雌性激素的水平而导致了子宫肿瘤，以致到最后“这些肿瘤恶化到癌变的水平”。对小白属、大白鼠、豚鼠和猴子的进行的广泛实验表明，只需长期服入小剂量的雌性激素便能引起生殖器官组织的病变，“从良性渐渐演变到明显的恶性病变”。通过摄取雌性激素，仓鼠也容易患上肾脏肿瘤。

尽管对于这个问题的观点在医学上存在分歧，但有一种观点已经有大量的证据支持，那就是同样的影响也会在人体组织中发生。在马克吉尔大学维多利亚皇家医院的研究人员研究过的 150 例子宫癌中有三分之二都能证明这个观点，患者体内雌性激素水平超乎寻常得高。后续 20 个病例中的 90%的患者体内都含有高活动性的雌性激素。

虽然现有的医学技术检测不出来，但肝脏受到的损害可能已经足以影响它消除雌性激素。氯代烃就容易引起这种情况的出现。如我们所知，摄入很少的氯代烃就足以引起肝细胞的变化，它们同样也导致维生素 B 的流失。这个事实极为重要，因为其他环节的证据表明这种维生素能够起到抵制癌症的保护作用。C. P. 罗兹（他一度担任斯隆—凯特灵癌症研究所的指导者）后来发现，如果给曾暴露于一种非常剧烈的化学致癌物中的实验动物喂食酵母—其中含有丰富的天然维生素 B，它们就不会患上癌症。不仅是口腔癌，消化道其他器官的癌症也可能伴随着维生素 B

的缺乏而出现。研究人员不仅在美国发现了这种情况，在瑞典和芬兰的遥远的北部地区也发现了这种情况，因为这些地方人们的日常饮食中常常缺少维生素。容易患早期肝癌的人群，例如非洲班图部落，他们就是显而易见的缺乏营养。在非洲的一些地方，男性胸癌也很常见，这种癌症与肝癌相同，也是与缺乏营养有关。在战后的希腊，饥饿常常伴随着男性胸癌患者的增多。

简单来说，农药间接的致癌作用就是它们已被证实的具有损害肝脏和使维生素 B 减少的能力，这就导致了体内自生的雌性激素增多，也就是说，由身体本身产生了这些物质。现在还有大量的各种人工合成的雌性激素不断进入我们的环境中，我们越来越严重的暴露于这些物质之中，它们广泛存在于化妆品、医药、食物和职业性环境中。这些广泛地、累积起来的影响应该引起我们的极大关注。

人类失控的暴露于各种各样的致癌化学物质（包括农药）中。一个人可以通过许多不同的暴露方式摄入同一种化学物质。砷就是典型的这种化学物质。它以不同的形式存在于各种各样的环境中：它污染着空气，它污染着水，它存在于食物的农药残毒中，它存在于医药品中，它存在于化妆品中，它存在于木材的防腐剂中，它也存在于油漆和墨水中，它还存在于染料中，等等。尽管单一的某种暴露方式很难导致恶性病变，但是任何一种单一的“安全剂量”都可能使已承载了许多其他种“安全剂量”的天秤失衡。

不仅如此，两三种不同的致癌物联手起来也能导致人体的恶性病变，所以它们共同作用的联合影响始终存在。比如，一个暴露于 DDT 的人几乎同时也暴露于烃类之中，这些烃类是作为溶剂、颜料展开剂、减速剂、干洗涤剂和麻醉剂被广泛地使用着。在这样的实际情况下，规定 DDT 的

“安全剂量”又有何意义呢？

上述情况因为这样一个事实——一种化学物质可以对另一种化学物质起作用从而改变其效果而变得更加复杂。癌症有时需要在两种化学物质的互相作用下才能产生，首先，两者之中的一种化学物质使细胞或组织变得敏感，然后在另一种化学物质或促进因素的作用下，细胞或组织才发生真正的癌变。除草剂 IPC 和 CIPC 就在皮肤癌的产生过程中起了带头作用，是它播下了癌变的种子；当另外一些东西（也许是普通的洗涤剂）进入人体时，癌变就在人体中发生了。

更进一步来看，物理因素和化学因素之间也可能存在着相互作用。白血病的发生过程可以分为两个阶段：X-射线开启了恶性病变，而摄入的化学物质（如尿烷）则起到了促进作用。人们越来越多的暴露在各种各样的放射性中，再加上大量接触各种化学物质，这给现代人提出了一个新的健康问题。

放射性物质对水造成的污染给我们提出了一个新课题。因为水中常常包含着许多化学物质，那些污染了水的放射性物质可以通过游离射线的撞击作用而积极的将水中这些化学物质的性质改变，使这些化学物质的原子通过不可预计的方式重新排列组合从而创造出新的化学物质。

洗涤剂是一种特别常见的污染物，它已成为了现在公共供水中的大麻烦，它受到了全美水污染专家的密切关注，可惜现在并没有切实可行的方法能够消灭它。到底什么洗涤剂是致癌物现在几乎还未知晓，但可以确定的是，洗涤剂可以通过一种间接方式促进癌变，它们作用于消化道内壁，使机体组织发生变化以至于这些组织能够更容易吸收危险的化学物质，从而使化学物质的影响加强。不过，怎样才能预见和控制这种作用呢？致癌物千变万化，令人眼花缭乱，除了“零剂量”外，还有什么剂量能是“安全”的呢？

既然我们容忍致癌因素在环境中存在，我们就要承受它可能造成的危险。现在所发生的一切已将这种危险清楚地展示在了我们面前。1961年春天，在许多联邦的、州的和私人的鱼类产卵地中，一种肝癌开始在虹鳟鱼中流行起来。美国东部和西部地区的鳟鱼都受到了影响；事实上，超过三龄的鳟鱼全部患上了癌症。正是因为全国癌症研究所环境癌症科和鱼类与野生物服务处已提前在观测所有鱼类肿瘤的方面达成了协作的共识，我们才能得知这一情况，它们这样做的目的是为了发出因为水污染导致人类患癌的早期预警。

研究人员至今仍锲而不舍地在寻找如此大面积爆发鱼类癌症的真正原因，但是目前看来，最有可能的原因和最有力的证据都指向先前准备好的鱼类产卵地的饵料，这些饵料中含有剂量惊人的各种化学添加物和医药品，它们被加入了基本食料中。

从许多方面来看，这个鳟鱼事件都具有重要意义，但其中最重要的是，它充分说明了当一种强效的致癌物进入环境之后将会发生什么，导致什么后果。休珀博士认为这场流行病极有教育意义，它告诫人们必须极大关注对数量巨大、种类繁多的致癌物进行控制。他表示：“如果再不采取预防措施，那么出现在鳟鱼身上的灾难在未来出现在人类身上的可能性必将越来越大。”

我们发现自己正在一位研究者所称的“致癌物的汪洋大海中”生活着，这不禁令人感到沮丧，甚至充满挫败感和深深的绝望。对此的一般反应是“难道不是已经走到了死胡同里了吗？”“难道已经没有可能将这些致癌因素从我们的世界中消灭吗？何必要浪费时间进行其他研究呢？不如将所有的金钱和精力都投入到发现治疗癌症的灵丹妙药中去，这样难道不是更有效吗？”

休珀博士因为多年来在癌症研究方面取得的卓越成就使他的建议具有举足轻重的地位，当他面对上述这些问题时，他思考了很长时间，他根据自己毕生的研究和经验对这些问题做出了一个较为全面的回答。休珀博士表示，癌症的现状和发展形势和十九世纪最后几年中人类面临传染病的情况非常相似。因为帕斯德和科赫的杰出工作，病原生物与许多疾病的关系已被确定。在那个时候，医学界人士、甚至一般公众都慢慢觉醒，认识到人类环境已被大量的、能够引起疾病的微生物所占领，正如今天在我们环境中致癌物不断蔓延一样。现在，大多数的传染疾病已被成功的控制了，实际上有些已经被消灭了。这个卓越成就的取得是靠两方面着力而实现的：一方面预防，一方面治疗。不管外行人多么看重“灵丹妙药”，现实情况是在人类与传染病的战斗中，大部分真正决定战争成败的战役都是积极消灭环境中的病原生物。历史上的伦敦霍乱大爆发就是一个很好的证明，在伦敦霍乱大爆发中，一位名叫约翰·斯诺的伦敦医生把病发情况在地图上标注出来，他发现所有疾病都起源于一个地区，这个地区的所有居民都从波德街上的同一个泵井里取水。斯诺医生采取了迅速、果断的预防医学行动——更换了那个泵井的把柄。流行病因此就被控制住了。这种方式并没有用一种药丸去杀死、当时尚未被人知晓的、引起霍乱的微生物，而是通过手段将它们排除在人类环境之外。甚至从治疗手段来看也是如此，和治疗疾病相比，减少传染病的病灶更为有效，也更容易取得成果。现在结核病已经很少见的一个主要原因就是现在一般人很少有机会接触结核病病菌。

今天，我们发现世界中处处都是致癌因素。根据休珀博士的观点，在与癌症的斗争中，我们将全部力量或大部分力量集中到寻找治疗方法（甚至试图想要找到一种治愈癌症的“灵丹妙药”）上，这样我们注定是要失败的。因为这样的作战方式没有考虑到环境是致癌因素的最大的存在之地，环境中的这些致癌因素继续制造新的受害者的速度肯定超过至今还未能面世的“灵丹妙药”阻止癌症扩散的速度。

在与癌症的斗争中，以预防为主要成为一种常态和一种通识，可是为什么我们的觉悟总是来得这样晚呢？可能“是因为与预防癌症比起来，治疗癌症病人的目标更加令人激动，更加看得见摸得着，更能引人注目和更加值得投资吧。”休珀博士如是说。但是，在癌症形成之前预防癌症“确实是更为人道的”，并且可能“比治疗癌症有效得多”。休珀博士几乎无法忍受这种莫名其妙的幻想——希望得到一种神奇的药丸，早上早餐之前服用一颗就能保护我们远离癌症。人们之所以相信癌症能够通过这种方式被治愈，很多时候是进入了一种误区，人们误认为癌症这种疾病是由单一的某种原因引起的疾病，所以希望能够有一种单一的方法治愈，但是真相和人们想象中的相去甚远。环境癌症正好就是由十分复杂的、多种多样的化学因素和物理因素所导致的，所以恶性病变本身就表现为多种形式。

就算这种梦想有一天实现了，也不能指望这种药物是能够治疗一切种类恶性病变的神丹妙药。虽然我们还要继续寻找治疗方法，挽救那些受癌症折磨的患者，但是号称能够一步到位治疗癌症的方法只会对人类造成伤害，这个问题只能一步步解决。正当我们将几百万美元投入到研究中去，正当我们将自己全部希望寄托于大张旗鼓展开的治疗患癌病人的计划时，正当我们努力寻找治愈措施时，我们却可能忽视了本可以进行预防工作的宝贵时机。

征服癌症绝不是无望的。与十九世纪末人类控制传染病时的情况相比，现在的景况更值得乐观。那时的世界充满了致病细菌，正如今天的世界处处都是致癌物。只不过那时的人们没有将病菌散播到环境中，人们只是无意识地传播了这些病菌。与此相反，现代人自己将绝大部分致癌物散播到环境中，其实只要他们希望，他们就能减少很多的致癌物。在现在的世界中，致癌的化学物质通过两种方式侵犯地球：第一个，也是最具讽刺意味的方式就是因为人们追求更好、更方便的生活方式；第二个，生产和销售这些化学物品已成为我们经济和生活中的一部分。

要让所有的化学致癌物在现在的世界中或在将来的世界中全部消失的想法是不切实际的，不过，相当大比例的化学致癌物并不是我们生活的必需品，如果这些化学致癌物被消灭，那么生命的总负荷将大大减轻，与此同时，我们将不再遭受每四个人中将有一个人患上癌症的诅咒。我们应当在消灭这些致癌物上作出最大、最艰苦的努力，这些致癌物正在污染着我们的食物、我们的供水和我们的大气，并且这些致癌物以微量的、年复一年反复暴露的方式出现，这无疑是最危险的接触方式。

进行癌症研究的最优秀的那一群人中有很多人持有和休珀博士相同的观念，他们都相信，通过不断努力去弄清楚环境致癌的因素，并努力消除或减少它们的伤害，恶性病变是可以被征服的。与此同时，为了医治那些已经患癌或癌症已经潜伏的病人，也应该继续努力寻找方法去治疗他们。但是，对于那些还没有得癌症的人和我们还未出生的后代，预防工作已是迫在眉睫。

十五　大自然的反攻

为了把大自然改造得符合我们的需求，我们不惜冒着极大的风险和付出相当大的代价，但可惜的是，未能如愿以偿。这确实是充满悲伤意味的讽刺，然而这就是现实。虽然人们鲜有提及，但人人都可以看到的实际情况就是，大自然并不是那么容易被人按照自己的想法去改变，而且昆虫也千方百计地试图躲避我们使用化学药物对它们发起攻击。

荷兰生物学家 C. J. 波里捷认为，“大自然最令人震惊的存在就是昆虫的世界。在昆虫的世界中，没有什么是不可能发生的，那些常常令人觉得不可思议的事情经常就会在昆虫的世界中发生。一个对昆虫世界进行过深入研究的人对自己在这个世界见到的奇妙事件赞叹不已，他知道在这个世界里，什么事情都可能发生，任何看起来完全不可能的事情也经常会发生。”

现在，两个广阔的领域内正在发生着这种“不可能的事情”。通过遗传选择，昆虫自身正在发生变化以抵御化学药物的侵害，这个问题将在下一章中讨论。但是我们现在要探讨另一个更为广阔的领域中发生的问题，那就是我们通过大肆广泛使用化学药物对昆虫发起的战争正在使环境本身所固有的、阻止昆虫肆虐的天然防线逐渐削弱。每次我们将防线攻破之后就会有新的大批的昆虫涌现出来。

从世界各个地方传来的报告都清晰地揭示了一个现实情况，那就是我们正处于一种非常严峻的情势之中。在倾力使用化学物质控制昆虫十几年后，昆虫学家们发现那些他们本以为在几年前已经解决了的问题又卷土重来，继续骚扰着他们，不仅如此，还有新的情况出现，只要有一种看起来并没有多少的昆虫出现，它们也一定会迅速繁殖到足以造成严重灾害的程度。因为昆虫天生的特性，化学控制等于搬起石头砸自己的脚。因为人类在设计和实施化学控制时不曾考虑到生物系统的复杂性导致化学控制方法实际已被稀里糊涂的卷入破坏生物系统的战斗中。人们能够预计到用化学药物控制少数个别种类的昆虫的后果，但是无法预测到化学物质对整个生物群落进行攻击的后果。

现在在一些地方，很多人将大自然的平衡置之脑后，而且这似乎已是常见的方式；自然平衡在较早时候的较为简单的世界中保持着优势地位，而现在这一平衡状态已被完完全全打破了，也许我们早就忘了原本曾有这种状态的存在。一些人认为大自然的平衡问题只不过是有些人脑海中随意想象出来的东西罢了，但是如果以这种想法来指导人们的行动，那么将是十分危险的。虽然今天的自然平衡不同于冰河时期的自然平衡，但是这种平衡依旧还是存在：这是一个将各种生命联系起来的复杂、精密、高度统一的系统，再也不能继续对它视而不见了。现在的状况就好像一个站在悬崖边上的人，他所面临的是万丈深渊却无视地球引力，准备向迈步一样。自然平衡并不是一种静止的、不变的状态，而是一种不断变化的、活动的、不断调整的状态。人也是这个平衡中的一分子。这个平衡有时候对人有利，有时候对人不利，当这一平衡过于频繁的受到人类本身的活动的干扰时，它总是变得对人不利。

人们现在在制订控制昆虫的计划时忽视了两个重要的事实——一是真正能够有效控制昆虫的是大自然，而非人类。因为一种被生态学家们称为环境防御作用的存在使昆虫繁殖的数量受到限制，当地球上的第一个生命出现时，这种作用就开始存在并起作用了，食物的数量、天气和气候、竞争或捕食性生物的存在，这些都是非常重要的制约因素。昆虫学家罗伯特·梅特卡夫认为，“昆虫内部进行的自相残杀是阻碍昆虫破坏我们世界平静的支柱力量。”但是现在的大部分化学药物都被用来无差别地杀死所有的昆虫，无论害虫还是益虫都格杀勿论。

被忽视的第二个事实是，一旦环境的防御作用被削弱了，某些昆虫的繁殖能力就会出现爆发性的增长。哪怕我们在现在和过去也有偶然觉悟的瞬间，但许多种生物的繁殖能力依然可以远超我们的想象。我依旧记得我在学生时代看到的一个奇迹：在一个装有干草和水的罐子里加入几滴含有原生动物的成熟培养液，奇迹就会出现。在几天时间内，这个罐子中就会出现一群旋转着的、向前移动的小生命——亿万个数不清的微小动物草履虫，显微镜下的它们看起来就像一只只小鞋子，每一只都比一粒灰尘还要小，它们都在这个温度适宜、食物丰富、没有敌人的临时天堂里不受约束地繁殖着。这种景象使我想起了海边岩石上白色的藤壶，又使我想起了一大群正在游过的水母，它们的移动看不到边际，与海洋融为一体。

当鳕鱼经过冬季的海洋向它们的产卵地迁徙时，大自然向我们展示了自己的控制作用是如何创造奇迹的。在产卵地上，每个雌鳕鱼产下了几百万个卵。如果所有鳕鱼的卵都存活下来并长成小鱼，那么海洋就会被鳕鱼塞满。一般来说，每一对鳕鱼产下几百万的幼鱼，只有当这几百万的幼鱼全都存活下来并且长大成年才会对自然界造成困扰。

生物学家们常常会进行一种假想，那就是如果某天爆发了一场大灾难，自然界的控制作用全部丧失了，唯独有一个种类的生物生存繁殖起来，那么将会发生什么事情？一个世纪之前，托马斯·赫胥黎曾计算过一个单独的雌蚜虫（它具有不需要配偶就能繁殖的奇特能力）在一年时间中所能繁殖出的蚜虫总重量相当于美国人口总重量。

动物种群的研究者们曾见过失常的大自然自己造成的可怕后果。在畜牧业者们消灭郊狼的狂热过后是田鼠成灾，因为郊狼是田鼠的控制者。在此方面的另外一个例子就是经常重演的关于亚利桑那州的凯巴布鹿的故事。有一个时期，这种鹿与其环境处于一种平衡状态，因为有一定数量的食肉动物——狼、美洲狮和郊狼在限制着鹿的数量，从而使这个数量不超过它们的食物能够给养的数量。后来，人们为了“保护”这些鹿而发起了消灭这些鹿的敌人——那些食肉动物的运动。于是，食肉动物消失了，鹿的数量变得多得惊人，这个地区的草料很快就不足以为数量巨大的鹿提供食物了。因为它们以树叶为食，所以树上的叶子越来越少，它们能够伸着脖子吃到的叶子都被吃完了，很多鹿因为缺乏食物而饿死了，因为饥饿而导致死亡的总数超过了被食肉动物捕食的总数。另一方面，因为鹿奋不顾身的觅食行为而将整个环境都破坏了。

田野和森林中的捕食性昆虫的作用与狼和凯巴布郊狼相同，如果试图将它们全部消灭，那么被捕食的昆虫就会疯狂繁殖起来。

地球上究竟有多种类的昆虫？我想这个问题的答案没有人能知道。因为还存在很多尚未被人们所认知的昆虫。从已有的记录来看，现在已知的昆虫已超过七十万种。这个数据意味着，地球上 70%—80%的动物都是昆虫，其中的绝大部分种类的昆虫都是被大自然的力量控制而不是人为的力量。如果真实情况确实如此，那么企图通过庞大的化学药物（或其他任何方法）控制昆虫种群数量的行为的可行性是相当值得怀疑的。

但糟糕的是，我们总是在这种天然的保护力消失之后，才意识到这种由昆虫的天敌所提供的保护力的重要性。很多人类生活在这个世界上，却对这个世界的一切规律视而不见，看不到它的美丽和奇妙，以及那些在我们周围生存的各种各样的生物的奇特的、令人惊叹的巨大能量。这也是人们对捕食性昆虫和寄生生物的生存状态没有多少了解的原因。也许我们曾在花园的灌木上看到过一种外貌凶狠的稀奇古怪的昆虫，并且下意识的认为应该用它来消灭其他种类的昆虫。但是，只有当我们夜晚在花园散步并用手电筒照见处处都有这种昆虫悄无声息地靠近它的猎物时，我们才能懂得这一切的真正含义，那时我们就能理解这出由凶手和被害者演出的这场戏的内在意义，那时我们就能深切感知大自然自我控制的强大力量。

那些杀害和减少其他种类昆虫的昆虫捕食者种类繁多，其中有些敏捷得就像在空中捕捉食物的燕子一样，还有一些一边慢吞吞的在树枝上爬行，一边将类似象蚜虫之类不动的昆虫快速咽下肚去。胡蜂捕食这些蚜虫，并且用它的汁液去喂养幼蜂。泥蜂在屋檐下筑起了圆柱状的蜂巢，并在蜂巢中为泥蜂幼虫储备昆虫。这些房屋的守护者——黄蜂们在吃饲料的牛群上空飞舞着，正是它们消灭了折磨着牛群的吸血蝇。人们经常将嗡嗡大叫的食蚜蝇错认为蜜蜂，它们把卵产在蚜虫滋生的植物叶子上，而它们之后孵出的幼虫能有效地消灭蚜虫。被称为“花大姐”的瓢虫也是能有效消灭蚜虫、介壳虫和其他以植物为食的昆虫的一种昆虫。一只瓢虫为了获得生产一群卵所需的能量消耗了几百个蚜虫，这一点儿也不夸张。

寄生性昆虫的习性更加奇特。寄生昆虫并不会立即将它们的宿主杀死，它们用各种各样的方法从受害者身上获取抚养自己孩子所需的营养。

它们把自己的卵产在被它们俘虏的幼虫或卵内，这样它们未来孵出的幼虫就可以通过消费宿主而得到营养。一些寄生性昆虫用黏液把自己的卵粘贴在毛虫身上；在孵化过程中，寄生性昆虫的幼虫就穿过宿主的皮肤进入体内。其他一些寄生性昆虫靠着天生的伪装本领把自己的卵产在树叶上，这样它们的卵就会被那些专吃嫩叶的毛虫吃到肚子里。

在田野上，在树篱笆中，在花园里，在森林中，捕食性昆虫和寄生性昆虫都在繁忙地工作着。蜻蜓在池塘的上空飞掠而过，照耀在它们翅膀上的阳光闪射出了火焰般的光芒。它们的祖先曾经在有巨大爬行类动物的沼泽中生活。今天，它们仍像自己的祖先一样，目光敏锐的用它们那形成篮子状的几条腿兜捕着天空中的蚊子。在水下，又被称为“水中仙女”的蜻蜓的幼虫捕捉水生阶段的蚊子和其他昆虫。

一只草蜻蛉悄悄的待在那儿的一片树叶前面，它有着绿纱的翅膀和金色的眼睛，害羞得躲闪着。它是一种曾在二叠纪生活过的古代种类的后裔。草蜻蛉的成虫主要以植物花蜜和蚜虫的蜜汁为食，并且将自己的卵都产在一个长茎的柄根上，将卵和一片叶子连在一起。一种被称为“蚜狮”的奇怪的、竖着的幼虫从这些卵中出现，这是它们的孩子。它们靠捕食蚜虫、介壳虫或螨虫为生，它们捕捉这些小虫子，并把它们的体液吸干。在它们吐出白色的丝茧以度过蛹期之前，每只草蜻蛉都能吃掉几百只蚜虫。

许多蜂和蝇也具有同样的能力，它们的生存完全依靠寄生作用来消耗其他昆虫的卵及幼虫。一些寄生卵极小的蜂类因其巨大的数量和超强的活动能力阻止了许多危害庄稼的昆虫的大量繁殖。

所有的这些小生命都在忙碌的工作着。晴天时，下雨时，白天夜晚，甚至当残酷寒冬即将将它们的生命之烛扑灭时，这些小生命仍在毫不停歇的工作着。但当春天来临，昆虫世界重新复苏时，它们又重新展现出旺盛的生命力。在此期间，寄生性昆虫和捕食性昆虫都找到了藏身之处——在雪花的白色毛毯下，在被冰冻了的土壤下，在树皮的缝隙中，在隐蔽的洞穴里，以使自己度过寒冷的冬季。

螳螂将自己的卵安全的藏在它粘在灌木枝条上的薄羊皮纸样的小匣子里，它的妈妈的生命已经随着夏天的结束而结束了。

雌胡蜂带着体内大量的卵在阁楼被人遗忘的角落中筑造自己的落脚之处，这些卵在未来会形成整个蜂群。春天时，单独生活的雄蜂会在一个小小的纸巢中生活，在每个巢室产卵，并小心翼翼地培养一些工蜂。在工蜂的帮助下，它的蜂巢得以扩大，蜂群得以发展。工蜂在整个炎热的夏天都在一刻不停地寻找食物。

这些昆虫因为拥有我们所需的天然习性而成为我们使自然平衡朝着利于人类方向发展的天然同盟。可是我们现在却将炮火朝着我们的敌人喷射。更可怕的是，我们已经忽视了它们在保护我们避免遭受敌人如潮水般的侵袭的重要作用。失去它们的帮助，这些敌人就会猖狂地伤害我们。杀虫剂的用量越来越大，种类也越来越多，破坏力也越来越强，随之而来的是严酷现实是环境防御能力的持续性的全面降低。

我们可以预见到的是，随着时间的推移，昆虫对我们造成的危害会越来越严重，有的昆虫在传播疾病，有的在毁坏农作物，具有破坏能力的昆虫已经多到超乎我们的想象。

也许你会怀疑，“这难道不是纯理论性的结论吗？”你也许会认为，“这种结局一定不会真正发生的，至少不会在我这一辈子中发生。”

但是，它正在真真切切的发生着，就在你的眼前，就在现在。科学期刊已经刊登了大约50例发生在1958年中的自然平衡的严重混乱现象，而且每一年都有更多的例子出现。通过参阅 215 篇报告和讨论对这一问题进行反思，发现这些都讲述并讨论了由杀虫剂引起的昆虫数量失衡导致的灾难。

有时，那些人们原本想通过喷洒化学药物来进行控制的昆虫在喷洒化学药物之后反而变本加厉的增多起来。比如，安大略的黑蝇在喷洒化学药物后，其数量比喷药前增加了 17 倍。另外，在英格兰，伴随着一种有机磷化学物的喷洒出现了卷心菜蚜虫的大爆发，人们从未见过如此大规模的卷心菜蚜虫的爆发。

在其他几次喷洒药物的行动中，虽然可以认为喷洒药物对人们想要控制的那类昆虫是有用的，但它们却好似打开了潘多拉的魔盒，各种灾难随即而来，各种各样的害虫给人们造成了大麻烦，而在此之前，这些害虫的数量远远不足以引起灾难。比如，当 DDT 和其他杀虫剂将叶螨的敌人杀死之后，这种叶螨实际上已变成一种遍布全世界的害虫了。叶螨并不是昆虫的一种，它是一类有着肉眼几乎看不见的八条腿的生物，和蜘蛛、蝎子以及蜱属于一类。它的口器适于穿刺和吮吸，喜欢摄入为世界带来绿色的叶绿素。它把自己细小、尖锐的口器刺入叶子和常绿针叶的外层细胞中并抽吸叶绿素。这种害虫的缓速蔓延使树木和灌木林附上了黑白相间的杂点，就好像撒上了一层椒盐一般，因为数量太多，植物的叶子会发黄而脱落。

几年前，在美国西部一些国家森林区曾经发生过这样的事情，在 1956 年时，美国森林服务处对大约 885，000 英亩的森林喷洒了 DDT。人们原本的目的是想要消灭云杉芽虫，但是在那年夏天却有比芽虫更危险的问题发生了。对这片森林进行空中观察，可以看到大面积的森林都枯萎了，曾经庄严挺立的道格拉斯冷杉正在变成褐色，它们的针叶也都掉落了。在海伦娜国家森林和大贝尔特山的西坡上，还有在蒙大纳和沿爱达荷州的其他区域中，那儿的森林看起来就好像被烧焦了。显而易见的是，1957年的夏天发生了有史以来最严重的、最令人震惊的叶螨大爆发。几乎所有被喷洒过 DDT 的土地都遭受了虫害的侵扰，没有什么地方曾遭受过比这儿更严重的灾害了。护林人回忆起过去另外几次由叶螨造成的灾害，没有哪一次像这次这样给人留下如此深刻的印象。1929 年前在麦迪逊河沿岸的黄石公园，20 年之后在科罗多拉州，还有 1956 年在新墨西哥，都曾发生过类似的灾害。每一次虫害的爆发都是在人们用杀虫剂喷洒过森林后。（1929 年的那次喷药是在 DDT 时代之前，当时使用的是砷酸铅。）

为什么在使用过杀虫剂之后，叶螨会更加繁盛？除了杀虫剂相对而言对叶螨不易造成影响这个显而易见的事实外，还有其他两个原因、第一，在大自然中，许多种捕食性昆虫，如瓢虫、瘿蚊、捕食性螨虫和一些掠食性臭虫等制约着叶螨的繁殖，而且这些虫子都对杀虫剂非常敏感。而其他两个原因中的另外一个就是叶螨群体内部的族群压力。一个没有危害的叶螨群体是一个密集的、固定的团体，它们全都挤在一个躲避天敌的保护带中。在它们遭受了化学药物的喷洒之后，这个团体就解散了。虽然这些螨虫没有被化学药物杀死，但是它们遭受了刺激，它们散开去重新寻找能够安身立命的地方。在这种情况下，螨虫发现自己能够获得比原来在团体中更多的空间和食物。而且因为螨虫的敌人已被化学药物消灭了，螨虫不需要再花费能量去努力维持它们的秘密保护带了，于是它们将所有的能量都用在了繁殖上，它们的产卵量增加了三倍，这种增长是超乎寻常的，这一切都是杀虫剂的“功劳”。

在维吉尼亚的谢南多厄山谷的著名苹果种植区中，当 DDT 开始代替砷酸铅时，一大群被称为红条卷叶虫的小昆虫就增长起来，以致成了种植者们的灾难。这种危害从来没有如此严重过，这个小强盗对人们索取很快就达到了需要付出一半谷物才能满足的代价；而且在这个地区以及美国东部和中西部的大部分地区，随着DDT使用量的不断增多，它很快就成了对苹果树最具毁灭性的害虫。

这一现实情况充满了讽刺性意义。二十世纪四十年代后期，最严重的苹果小卷蛾蔓延发生在反复喷洒化学药物的诺瓦·斯克梯亚苹果园中，而在没有喷洒化学药物的果园中，这种蛾子并没有多到足以引起虫灾的程度。

人们积极喷洒化学药物的行为在苏丹东部也没有得到满意的结果。DDT给那儿的棉花种植者造成了痛苦的回忆。盖斯三角洲的大约60,000英亩的棉田一直靠灌溉生长。当DDT的早期试验的结果明显表现为良好后，人们就加强了化学药物的喷洒，但从此之后就麻烦不断。棉铃虫是对棉花具有最强破坏力的昆虫之一。但是，人们在棉田中喷洒的药物越多，棉铃虫反而出现得越多。与喷洒过化学药物的棉田相比，没有喷洒过药物的棉田的棉桃和成熟的棉朵所遭受的损害较少，而且在喷洒过两次药物的棉田里棉籽的产量明显降低了。虽然一些吃叶子的昆虫被消灭了，但任何可能由此带来的利益也全被棉铃虫的损害抵消掉了。最后，那些棉田种植者才痛苦的觉悟到，如果他们不自找麻烦的花钱费力的给棉田喷洒化学药物，反而能够得到更高的产量。

在比属刚果和乌干达，大量使用DDT去消灭咖啡灌木害虫的后果几乎称得上是一场“大灾难”。害虫的捕食者都对DDT超级敏感，而害虫本身却几乎没有受到DDT的影响。在美国，因为化学药物扰乱了昆虫世界的群体动力学，农民们田地里的害虫越来越猖獗。最近执行的两个大规模的喷药计划就导致了这样的后果，一个是美国南部的捕灭火蚁计划，

另一个是为了消灭中西部的日本甲虫发起的喷药计划。(详见第 10 章和第 7 章)

1957 年在路易斯安那州的农田里大规模喷洒七氯的后果是使能对甘蔗造成最大威胁的一个敌人——甘蔗螟虫解放了出来。在农田被七氯喷洒后不久，农田里甘蔗螟虫的数量就急剧增长起来。原本用来消灭火蚁的七氯却把甘蔗螟虫的天敌们给消灭了。因为路易斯安那州没有对这种可能发生的后果提前发出警示，导致甘蔗遭到了如此严重的损害，所以愤怒的农民都要去控告路易斯安那州。

伊利诺斯州的农民同样也有过一次惨痛的教训。为了控制日本甲虫，在伊利诺斯州东部的农田使用过具有破坏性的狄氏剂的喷液后，农民们发现玉米螟在喷洒过化学药物的地区大量繁殖起来。事实上，在喷洒过药物的地区的生长玉米的农田里这种昆虫的破坏性幼虫的数量是其他地区的两倍以上。那些农民可能还不知道造成这场灾难的生物学原理，但是他们不需要任何科学家来告诉他们，他们就已经知道自己付出了昂贵的代价。在他们试图摆脱一种昆虫的努力中招致了一场程度严重得多的虫害。根据农业部预测，日本甲虫在美国所造成的全部损失约为每年 1000 万美元，而由玉米螟所造成的损失则可达每年 8500 万美元。

值得注意的是，过去人们一直主要依赖于大自然的力量来控制玉米螟。在 1917 年这种昆虫意外从欧洲引入之后的两年中，美国政府就开始进行一个收集和进口这种害虫的寄生生物的有效计划。从那时起，美国花了大价钱从欧洲和东方国家引入了 24 种以玉米螟为宿主的寄生生物，其中 5 种被认为具有独立控制玉米螟的价值。毫无疑问，这些工作取得的所有成就都已被消灭，因为进口的这些玉米螟的天敌已被喷洒的化学药物杀死了。

如果有人怀疑这一点，请在加利福尼亚州柑橘树丛中发生的一切中寻找例证。十九世纪八十年代在加利福尼亚出现了一个世界上最成功和最著名的生物控制的范例。1872 年，在加利福尼亚出现了一种以橘树树汁为食物的介壳虫，并且在随后的十五年中发展成了能够造成巨大危害的虫灾，很多果园甚至颗粒无收。刚刚起步的柑橘业遭到了这种虫灾的严重威胁，当时很多农民拔掉了他们的果树。后来，一种被称为"澳洲瓢虫"的、以介壳虫为宿主的瓢虫从澳大利亚进口过来。在第一批瓢虫达到仅两年后，加利福尼亚所有柑橘树生长地的介壳虫已完全被控制住了。从那时起，哪怕在柑橘树丛中寻找数日也很难找到一只介壳虫了。

但是到了二十世纪四十年代，这些柑橘种植者开始尝试使用他们认为具有魔力的新式化学物质来消灭其他昆虫。因为 DDT 和随之其后的毒性更强的化学物质的使用，加利福尼亚许多地方的澳洲瓢虫被集体扫地出门了。虽然过去进口这些瓢虫花费了政府将近 55000 美元，但这些瓢虫每年为果农挽回了几百万美元的损失，可惜的是，仅仅因为一次考虑欠周的行动就将这一切的利益全都抹杀掉了。介壳虫的灾害迅速卷土重来，其规模超过了五十年中的任何一次。

在里弗赛德的柑橘试验站工作的保尔·德白克博士说："这可能标志着一个时代的结束。"现在，控制介壳虫的工作已变得极为复杂。只有通过反复放养和极其小心的喷药计划才能尽量减少澳洲瓢虫与杀虫剂的接触，从而使它们存活下来。但是，无论柑橘种植者怎么做，澳洲瓢虫的命运或多或少会受到邻近土地主的影响，因为飘散过来的杀虫剂已对柑橘园造成了严重损害。

以上所有的例子都是有关那些对农作物造成损害的昆虫，而在那些传播疾病的昆虫身上又发生了什么呢？这方面已有不少例子都对我们发出了警告，其中一个就是发生在南太平洋的尼桑岛上的事情。在第二次世界大战期间，人们一直在那里大量喷洒化学药物，但是在战争快要结束时停止了。不久之后，在人群中传染疟疾的蚊子重新进入该岛，当时所有捕食蚊子的昆虫都已被杀死，而新的群体还没来得及发展起来，所以蚊子的大爆发是理所当然的。马歇尔·莱尔德是这样描述这种状况的：化学控制就像一辆脚踏车，一旦上去了，因为害怕结果而根本不敢停下来。

世界范围内的一些疾病可以通过一种很特别的方式与喷洒药物产生联系。有证据证明，杀虫剂不太能够对类似蜗牛这样的软体动物产生影响。佛罗里达州东部对盐化沼泽喷洒化学药物造成了一般生物的大量死亡，唯有水蜗牛幸免。现场的景象如同超现实主义画家笔下的作品，恐怖的令人不寒而栗。在一群死鱼和只剩下一线气息的螃蟹中间，蜗牛一边蠕动一边吞食遭到含有致命化学物质的雨水毒害的生物的尸体。

这一切有何意义呢？这一现象的重要意义在于，许多蜗牛可以成为很多寄生性蠕虫的宿主，这些寄生虫一生中的一部分时间在软体动物身上度过，另一部分时间在人类身上度过。血吸虫病就是这样的一个例子，当人们在喝水或在被感染的水中洗澡时，血吸虫可以透过皮肤进入人体内，从而导致严重的疾病。血吸虫是将蜗牛作为宿主而进入水体的。这种疾病在亚洲和非洲地区尤其广泛。而在存在血吸虫的地方，人们采取的试图控制蜗牛大量繁殖的方法似乎总是适得其反的导致了严重后果。

蜗牛所引起的疾病当然不只危害了人类，牛、绵羊、山羊、鹿、麋鹿、兔子和其他各种温血动物都受到了疾病的危害，肝吸虫会引起肝病，这些肝吸虫有一段时间是在淡水蜗牛中度过的。这些被虫子传染了疾病的动物的肝脏不再适合作为人类的食物，所以全部被销毁了。美国牧牛人每年要为这种损失付出大约 350 万美元的代价。任何导致蜗牛数量增长的行为都会使得这一形势变得更加严峻。

在过去十年中，这些问题已在人群中投射了深深的阴影，但我们对它严峻性的认识却始终缓慢。大多数有能力去研发生物控制方法并协助付诸实施的人却一直将精力过分地投入在更富刺激施行化学控制方法的小空间里。根据 1960 年的统计，美国仅有 2%的经济昆虫学家在从事生物控制的现场工作，其余 98%的人都接受了以研究化学杀虫剂为目的的工作聘请。

为什么会发生这样的情况呢？一些重要的化学制品公司为了支持杀虫剂的研发工作，将大把的金钱投向了大学的实验室，这些资金吸引了研究生，也产生了有吸引力的职位。与此同时，却没有什么人愿意资助生物控制方面的研究，其中的原因十分简单，因为生物控制的方法不能提供化学工业能够产生的巨大利润。生物控制的研究工作只有州和联邦的职员们来完成，而这些地方的工资相比较而言就少得多了。

这种情况也能很好地解释一个令人匪夷所思的现实，那就是某些杰出的昆虫学家正在带头支持化学控制方法。如果对这些人中某些人的背景进行调查，不难发现他们的全部研究计划背后的金主都是化学工业集团。他们的威望、有时甚至他们的研究本身都是与化学控制方法荣辱与共的。实事求是地说，难道我们能够指望他们去反咬给他们提供食物的人吗？

在欢呼雀跃化学物质成为控制昆虫的基本方法的一片片欢呼声中，偶尔也会有不和谐的音符冒出来——少数昆虫学家会提出一些研究报告，这些昆虫学家既不是化学家，也不是工程师，他们是生物学家。

英国的 F. H. 雅各布表示，“许多被认为是经济昆虫学家的人的行为可能使人们认为，他们之所以这样做的目的是因为他们坚信唯一能够拯救世界的方法就是喷雾器的喷头……而当喷雾器的喷头导致了害虫凶猛的卷土重来、昆虫产生了抗药性和哺乳动物中毒之后，化学家会发明出一种新的化学药物来对付这些问题。现在人们依旧还未认识到，最终只有生物学家才能彻底解决虫害问题。”诺瓦·斯克梯雅的 A. D. 皮克特写道：“那些经济昆虫学家必须要意识到，他们是在和活物打交道……他们工作的难度应该比用杀虫剂和强效化学破坏物质进行简单测试更高一些。”皮克特博士本人是研究合理的控制昆虫方法领域中的一位先驱，他所研究的方法将各种捕食性和寄生性昆虫充分利用了起来。

大约在 35 年前，皮克特博士在曾是加拿大果树最集中的地区——诺瓦·斯克梯雅的安纳波利斯山谷的苹果园中开始了自己的研究工作。那时候，人们相信杀虫剂是能够控制昆虫的，人们相信唯一要做好的事情就是要向水果种植者们介绍清楚如何好好地遵照说明方法使用。但是，这一美好的愿望并未如期实现。不知为何，昆虫仍旧存在并继续造成问题，于是，新的化学物质又被投入使用，更好的喷射装置也被发明出来，人们对喷药事业的热情持续上涨，可惜昆虫造成的问题并未得到任何好转。后来，人们认为 DDT 能够“驱除”苹果小卷蛾爆发的噩梦，而事实上，正因为使用了 DDT 招致了一场前所未有的螨虫灾难。皮克特博士说：“我们只不过是从一场危机进入了另一场危机，用一个问题置换了另一个问题。”

皮克特博士和他的同事们也在这个方面闯出了一条新路，他们没有继续走其他昆虫学家的老路——追在毒性越来越强的化学物质后面跑。皮克特博士和他的同事们认为自己在自然界有一个强大的同盟者，他们设计了一个最大限度利用自然控制作用的计划，这个计划同时将杀虫剂的使用量压缩到了最低限度。在不得不使用杀虫剂时就使用剂量最小的杀虫剂，保证当杀虫剂在控制昆虫的同时对其他有益的物种不造成不可挽回的伤害。他们的计划中涉及了选择合适的时机去喷洒化学药物。比如说，如果对苹果树喷洒硫酸烟碱的时间不在苹果树的花朵转为粉红色的那一刻之后而是在这一时刻之前，那么一种重要的捕食性昆虫就能存活下来，这可能是因为在苹果花转为粉红色之前，它还没有在卵中孵出。

皮克特博士所选择的化学药物都是经过精心挑选的、对寄生昆虫和捕食性昆虫危害极小的化学药物。他说："如果我们实施日常控制时对使用DDT、对硫磷、氯丹和其他新杀虫剂的态度能够和我们过去使用无机化学药物时一样谨慎，那么热衷于生物控制的昆虫学家们就没有那么多的意见了。"皮克特博士没有使用毒性很强的广谱杀虫剂，而是主要使用"鱼尼丁"（从一种热带植物的地下茎提取出来的）、硫酸烟碱和砷酸铅，在某些情况下也使用浓度非常低的DDT和马拉息昂（每100加仑中使用1或2盎司，过去的浓度常常是100加仑中添加1或2磅）。尽管这两种杀虫剂已是现代杀虫剂中毒性最小的，但是皮克特博士仍希望能够进一步研究出更加安全的、选择性更好的物质取而代之。

皮克特博士和他的同事们在诺瓦·斯克梯雅的计划进行的怎样呢？在那里，遵照皮克特博士制订的喷药计划的果园种植者们就和那些大量使用毒性剧烈的化学药物的种植者一样，也在收获大个头的好水果，不仅如此，他们得到这个好结果的成本是很低的。在诺瓦·斯克梯雅苹果园中，杀虫剂上的花费仅是其他大多数苹果种植区花费金额的10%—20%。

远比这个辉煌成果更加重要的是，昆虫学家们在诺瓦·斯克梯雅实施的这个经过修改的喷药计划没有破坏大自然的平衡。整个情况正在朝着加拿大昆虫学家G. C. 尤里特在十年前提出的哲学观点的方向顺利发展，他曾提出，"我们必须改变我们的哲学观点，摒弃自以为是地认为人类更加高级的观点，我们应当承认根据大自然的实际情况研究的一些限制生物种群的设想及方法比自己胡乱研究出来的更为有效合理。"

十六　雪崩的轰隆声

如果达尔文活到今天，他一定会为昆虫们极其卓越和令人惊奇的验证了自己的适者生存论而感到欢喜和震惊。在人们大力推广喷洒化学药物的行动中，昆虫种群中的弱势群体都被消灭了。现在，许多地区的许多种类中，只有强壮的和适应能力强的昆虫才能在控制行动中存活下来。

近半个世纪以前，华盛顿州立大学的昆虫学教授 A. L. 梅兰德曾提出过一个问题，“昆虫是否能够逐渐拥有对喷药的抵抗力？”如果梅兰德当时不知道答案或是知道得太晚，那只是因为他的问题提出得太早。这个问题是他在 1914 年提出的，而不是 40 年后。在 DDT 时代之前，当时使用无机化学药物的态度对于今天来说已是极为谨慎，但到处都已出现在经历喷药后活下来的昆虫发生改变。梅兰德本人也陷入了圣约瑟虫的困扰之中，他曾花费了几年时间试图通过喷洒石硫合剂的方式控制这种虫子，结果好像是令人心满意足的，但是在之后，这种昆虫在华盛顿的克拉克斯顿地区变得很顽强，比在韦纳奇和雅吉瓦山谷果园中时更难将它们杀死。

突然之间，存在于美国其他地区的这种介壳虫似乎达成了一个共识：在果园种植者们频繁、大剂量的喷洒石硫合剂时，它们都要坚持活下去。

这种对喷洒化学药物已经无动于衷的昆虫已对美国中西部地区的几千英亩优良果园造成了严重的损害。

而在加利福尼亚州，用帆布帐篷将树罩起来，然后用氢氰酸蒸汽熏的这种长期以来被人们推崇的方法在某些区域开始不再奏效。加利福尼亚柑橘试验站从 1915 年左右开始对这个情况进行研究实验，持续了四分之一世纪的时间。虽然四十多年来，人们都成功的用砷酸铅对付了苹果小卷蛾，可是，在二十世纪二十年代，这种蛾却变成了一种能够抵抗化学药物的昆虫。

但是，世界真正进入抗药性时代是在 DDT 和它的各种同类出现之后。任何一个稍微有点基础昆虫知识或动物种群动力学知识的人对于这个现实——一个令人类郁闷的危机已经在最近几年中明显的展露出来，都不会感到吃惊。尽管大多数人都慢慢知道了昆虫能够抵抗化学药物，但在目前看来，只有那些长期与带病昆虫接触的人才知道这个问题的严重程度。可是大部分的农业工作者还在兴高采烈的期盼更新的、毒性更强的化学药物被研发出来。

昆虫本身产生抗药性所需的时间远远短于人们为了认识昆虫抗药性所花费的时间。在 1945 年以前，人们仅仅知道大约有十几种昆虫逐渐对某些杀虫剂产生了抗药性，那还是在 DDT 出现以前。随着新的有机化学物质及使其得到广泛应用的新方法的出现，具有抗药性的昆虫的种类开始了爆发性增长，在 1960 年时已有 137 种昆虫具有了抗药性。没有人认为这就是事情的终结。超过 1000 篇的学术报告在讨论这个课题。在世界各地约 300 名科学家的支持下，世界卫生组织宣布“抗药性是目前昆虫控制计划面临的最严重的问题”。著名的英国动物种群研究者查尔斯·埃尔顿博士曾说过：“我们正在倾听以后可能会发展成为大崩溃的隆隆声。”

抗药性发展得如此迅猛，甚至有时祝贺某种化学药物成功控制了某种昆虫的贺信墨迹未干时，修正报告就已不得不发出了。比如在南非，牧牛人长期遭受蓝扁虱的侵扰，每年仅在一个大牧场中就有 600 头牛因此死去。在多年使用砷喷剂后，这种虱子以对此产生了抗药性。于是人们又使用了六氯化苯，短期的结果是令人满意的。在 1949 年早些时的报告宣称，这种新的化学物质能够轻而易举的将对砷有抗药性的虱子控制住。但是就在当年较晚的时候，一份不得不宣布昆虫的抗药性又增强了的报告发出。这个讽刺的状况招致一个作家在 1950 年的《皮革商业回顾》中这样评论："如果人们完全了解这件事的重要性，科学家中悄悄交流的、只在外媒书刊中占一个小方块的新闻是足以像原子弹爆炸那样上新闻头条的。"

尽管昆虫的抗药性是与农业、林业相关的事情，但是它在公共健康领域也激起了千层浪。各种各样的昆虫与许多的人类疾病之间有着千丝万缕的联系，这已是一个非常古老的问题。按蚊可以把疟疾的单个细胞注射进血液中，还有可以传播黄热病的蚊子，还有能够传染脑炎的蚊子。家蝇并不叮咬人类，但可以通过接触人类的食物使之被痢疾杆菌玷污，而且它还是眼疾在世界许多地方传播的重要原因。斑疹伤寒、体虱、瘟疫和鼠疫蚤等等都在疾病及其昆虫携带者（即带菌者）的名单中赫然在列。

这些都是我们无法逃避的重要问题。任何一个有责任心的人都不会对这些昆虫传播的疾病视而不见。现在我们面临这样一个问题：试图用使这个问题更加恶化的方式来解决这个问题是否是明智和负责任的行为呢？我们似乎已经听过很多通过控制昆虫传染者来成功战胜疾病的好消息，几乎没有任何负面消息传到我们世界里来，那就是我们的敌人——昆虫因为我们的努力已经更加厉害了，我们现在短视的成功就足以对此进行证明。

世界卫生组织聘请一位杰出的昆虫学家——加拿大的 A. W. A. 布朗博士进行有关昆虫抗性问题的广泛调查。在 1958 年出版的专题总结论文中，布朗博士这样写道："在公共健康计划中使用毒性猛烈的杀虫剂不到十年的时间里，出现的主要技术问题就已成为曾经我们努力控制的昆虫已具有了抗药性。"在已发表的专著中，世界卫生组织警告说："目前针对昆虫传播疾病，如疟疾、斑疹伤寒、瘟疫，正在面临着疾病进攻的危险，除非新问题能够得到解决。"

情况到底发展到了什么程度？实际上现在所有具有医学意义的各种昆虫已经全部进入了具有抗药性昆虫的名单。看起来，黑蝇、苍蝇和舌蝇还没有对化学物质产生抗药性。与此同时，全球范围内的家蝇和体虱已经产生了抗药性。因为蚊子的抗药性，征服疟疾的计划也受到阻碍。最近，鼠疫的主要传播者——东方的鼠蚤已表现出对 DDT 的抗药性，这是一个可怕的进化。每个大陆和大多数岛屿都在不断报告当地有许多种昆虫都具有了抗药性。

也许可以说，1943 年时在意大利，人类首次在医学上应用了现代杀虫剂，当时盟军政府将 DDT 粉剂洒在一大群人身上，成功地消除了斑疹伤寒。两年之后，为控制疟疾蚊子进行了广泛的喷洒，导致了很多的药物残留。仅在一年后，麻烦就显现出来了，家蝇和库蚊开始对喷洒的药物表现出了抗药性。1948 年，一种新型的化学物质——氯丹作为 DDT 的增补剂而被施用。这一次的控制有效期为两年；但是到了 1950 年 8 月，对氯丹具有抗药性的蚊子也出现了，到了那年年底，所有家蝇如同库蚊一样都对氯丹产生了抗药性。一旦有新的化学药物投入使用，其抗药性马上就出现了。将近 1951 年底时，DDT、甲氧氯、氯丹、七氯和六氯化苯都已进入了无效化学药物的名列。与此同时，苍蝇变得"出奇的多"。

二十世纪四十年代后期，相似的一连串事件在撒丁岛重复上演。在丹麦，人们在 1944 年第一次使用含有 DDT 的化学药物；到了 1947 年，很多地方已经无法成功控制苍蝇了。到 1948 年时，在埃及的一些地区，苍蝇已对 DDT 产生了抗药性，人们遂用 BHC 取而代之，可惜一年之后也没有什么用了。对于这个问题，埃及的一个村庄有明显反应。1950 年，杀虫剂刚开始时有效地控制住了苍蝇，但是就在这一年中，苍蝇的死亡率与最开始时相比下降了接近 50%。第二年时，苍蝇已对 DDT 和氯丹具有了抗药性，同时苍蝇的数量又重新恢复到原来的水平，死亡率也随之降到了原先的水平。

1948 年时，美国的田纳西河谷的苍蝇对 DDT 已具有了抗药性。随之而来，其他地区也出现了同样的情况，企图通过使用狄氏剂来保持控制效果的努力表明是徒劳无功的，在某些地方仅仅在两个月内，苍蝇就具有了对于这种药物顽固的抗药性。在能够起作用的氯代烃类被广泛使用之后，控制物发展抗药性的方向又对准了有机磷类；同样的故事一次又一次的上演。现在，专家们现在的态度是“家蝇控制已不能通过杀虫剂技术实现，必须重新依赖一般的卫生措施”。

DDT 最早、最出名的成就之一就是在那不勒斯对体虱的控制。在之后的几年中，它于 1945—1946 年间的冬天在日本和韩国成功消灭了对约二百万人口造成危害的虱子，这可是能够与在意大利取得的成功相媲美的成就。1948 年时，这种药物在西班牙防治斑疹伤寒的流行病失败了，通过这次失败，我们知道今后的工作会难以开展。虽然这次实践失败了，但是室内实验依旧是成功的，昆虫学家们仍旧认为虱子不会产生抗药性；但 1950—1951 年的冬天在韩国发生的事情令他们大为震惊。当在一批韩国士兵身上使用 DDT 粉剂后，奇怪的事情发生了——虱子反而变得更加猖狂了。当把这些虱子收集来进行实验时，结果发现 5%的 DDT 粉剂不能使它们的自然死亡率增加。对从东京游民、板桥区的避难所、叙利亚、约旦和埃及东部的难民营中收集来的虱子进行实验也得出了相同的结果，这些结果确定了 DDT 已不能控制虱子和斑疹伤寒。到了 1957 年，伊朗、土耳其、埃塞俄比亚、西非、南非、秘鲁、智利、法国、南斯拉夫、阿富汗，乌干达、墨西哥和坦噶尼喀都已涌入了对 DDT 具有抗药性的虱子的国家名单中。DDT 最初在意大利带给人类的惊喜已经渐渐消失了。

第一种对 DDT 产生抗药性的疟蚊是希腊的萨氏按蚊。1946 年，人们开始对这种蚊子猛烈地喷洒化学药物，并取得了初步的成功。但是到了 1949 年，观察者们注意到大量的成年蚊子趴在道路桥梁的下面，而不出现在已经喷洒过药物的房间和马厩里。蚊子在外面落脚的地方很快就发展到了洞穴、外屋、阴沟和橘树的叶子、树干上。毫无疑问的是，成年蚊子已经发展得对 DDT 具有足够的耐药性了，它们能够从喷洒过化学药物的建筑物中逃脱出来并在露天环境下休息和复原。几个月之后，它们就能够在喷洒过化学药物的房间中停留了，人们发现它们能够停留在喷洒过药物的房间的墙壁上。

这其实是一个已经出现的极其严峻情况的前兆。疟蚊对杀虫剂的抗药性很快就变得很强了，而这正是意在彻底消除疟疾的房屋喷药计划的后果。1956 年时，只有 5 种疟蚊表现出抗药性；到了 1960 年初，数量已由 5 种增加到了 28 种，其中包括在西非、中东、中美洲、印尼和东欧地区非常危险的疟疾传播者。

这一情况也在传播其他疾病的蚊子中上演。在世界许多地方，一种携带与象皮病这类疾病有关的寄生虫的热带蚊子已变得具有极强的抗药性。在美国一些地区，传播马疫脑炎的蚊子已产生了抗药性。在几个世纪中，世界上的大灾难都与黄热病有关，黄热病的传播者导致了更加严重的问题的产生。人们已在东南亚发现了具有抗药性的这种蚊子，而且在加勒比海地区，这种蚊子已经普遍具有抗药性了。

在世界上许多地方的报告中都能看到有关昆虫因为产生了抗药性对疟疾和其他疾病造成影响的内容。在特立尼达岛，因为蚊子产生了抗药性导致对病源蚊子进行控制失败后，1954 年的黄热病大爆发随之而来。在印度尼西亚和伊朗，疟疾重新活跃起来。在希腊、尼日利亚和利比里亚，蚊子成功躲了起来，并继续传播疟原虫。曾经通过对苍蝇进行控制使得佐治亚州的腹泻病病人减少，但是这一成绩已在一年中消失不见了。在埃及，曾经通过短时间的对苍蝇进行控制使得患急性结合膜炎的病人减少，但在 1950 年以后，这种情况也不存在了。

佛罗里达的盐化沼泽地蚊子表现出抗药性这件事虽然没有对人类健康造成什么影响，但是却对经济利益造成了很大的损害。虽说这些蚊子没有传播疾病，但它们却成群成群的出来吮吸人血，这导致佛罗里达海岸边的广大区域无人居住，直到人们对这种蚊子进行了艰难的控制，情况才得以改观，但是这种效果只是暂时的，很快就没有效果了。

很多地方的普通家蚊都产生了抗药性，所以很多地方规定大规模的喷药计划应该停止。意大利、以色列、日本、法国；加利福尼亚州、俄亥俄州、新泽西州和马萨诸塞州等美国部分地区，现在这种蚊子已对凶猛的杀虫剂产生了抗药性，在这些杀虫剂中，DDT 应用得最为广泛。

扁虱也是一个大问题。脑脊髓炎的传播者木虱最近已产生了抗药性，褐色狗虱已经完全的、广泛的、顽固的具有了抵抗化学药物毒害的能力。无论是对人类，还是对狗，这都是一个糟糕的情况。这种褐色狗虱是一种亚热带品种，当它在类似新泽西州这样的北方地区出现时，它必须留在一个比室外温度高得多的温暖的建筑物的室内过冬。1959 年夏天，美国自然历史博物馆的 J. C. 帕利斯特报告说：许多来自西部中心公园附近的家庭电话打到他的展览部，帕利斯特先生在报告中写道，“整栋房子常常都被幼扁虱占领了，而且它们很难被除掉。一只狗可能偶然在中心公园里沾上了扁虱，然后这些扁虱产卵，并在房屋里孵化出来。它们看起来对 DDT、氯丹或其他我们现在使用的大部分药物都具有免疫力。过去扁虱在纽约市并不常出现，但现在它们已占领了这座城市和长岛，韦斯特切斯特到处都是，并蔓延到了康涅狄格州。在最近五六年中，这一情况引起了我们的特别关注。”

遍布在北美许多地区的德国蟑螂已对氯丹产生了抗药性，氯丹一度是灭虫者们的强大武器，但现在他们不得不弃用，改用有机磷酸盐了。因为现在昆虫对这些杀虫剂逐渐产生了抗药性，于是给企图消灭昆虫的人们提出了一个问题：接下来该怎么办？

因为昆虫抗药性的不断提高，负责防治虫媒疾病的机构现在只能用一种杀虫剂代替另一种杀虫剂以解决他们所面临的层出不穷的问题。但是，如果没有化学家不断创新发明出新的化学物质供他们选择，那么这种方法也不能永远的持续下去。布朗博士曾指出，“我们正在一条‘单行道’上行驶，没有人知道这条路的尽头在哪里；如果在我们到达死亡终点之前还无法成功控制带病昆虫，那么我们所处的境地就很危险了。”

曾有十几种农业昆虫对早期的无机化学药物具有抗药性，现在应该在这个名单后面加上一大串名字，这些昆虫都是对 DDT、BHC、林丹、毒杀芬、狄氏剂、艾氏剂，甚至是对曾被人们寄予厚望的磷酸盐具有抗药性。1960 年，毁坏庄稼的昆虫已有 65 种具有了抗药性。

1951 年，美国第一批对 DDT 产生抗药性的农业昆虫出现了，这大约是在首次使用DDT六年之后。最复杂的情况也许是有关苹果小卷蛾的控制，实际上到现在，全世界苹果种植地区的这种苹果小卷蛾已对DDT产生了抗药性。卷心菜昆虫的抗药性正在变成另一个严重的问题。在美国，马铃薯昆虫正在摆脱许多地区的化学控制。现在，喷洒农药已经丝毫不能伤害许多种类的虫子了，比如说六种棉花昆虫、形形色色的牧草虫、梨小食心虫、叶蝉、毛虫、螨、蚜虫、线虫等等。

现在，化学工业部门不愿意面对抗药性这个令人沮丧的现状，这也是可以理解的。甚至到了1959年，已有100种主要昆虫对化学药物具有了明显的抗药性。而此时，一家农业化学的主要刊物还在质疑昆虫抗药性的真实性——“是真实存在的，还是人们想象出来的”。哪怕化学工业部门像鸵鸟一样对这些问题视而不见，但昆虫抗药性的问题并不能简单的消失，它也将一些令人讨厌的经济问题摆在了化学工业部门的面前。其中一个事实就是通过化学药物对昆虫进行控制的经费正在不断上涨。因为在今天看来十分有效的杀虫剂到了明天可能就全然无效了，所以大量囤积此类化学杀虫剂就毫无用处了。当这些昆虫一次又一次用抗药性证明了人类粗暴对待大自然是适得其反的时候，大笔用于杀虫剂使用和推广的财政资金可能会被取消。当然，迅速发展的科学技术会不断将新的杀虫剂和使用的新途径研究出来，但总体看来，人们依旧会发现那些昆虫逐渐变得泰然自若。

对于自然选择的理论，达尔文本人也许都不能找到一个比抗药性的产生更具有说服力的例子了。在原始种群生存的许多昆虫在身体结构、活动习性、和生理学上会有很大差异，只有“顽强的”昆虫才能抵抗化学药物的毒害存活下来。

人类喷洒化学药物的行为杀死了种群中的弱者，只有那些具有某种能够让它们逃脱化学药物毒害的天性的昆虫才能存活下来。这些幸存者繁衍出的后代通过简单的遗传性使其后代天生具有了“顽强的抵抗力”。这种现实不可避免的产生了一种结果，那就是用毒性剧烈的化学药物加强喷洒力度只能使原本想要解决的问题变得更加棘手。几代之后，一个本来既有强者也有弱者的混合种群就被一个仅由具有顽强抗药性的强者组成的昆虫群体取代了。

昆虫抵抗化学药物的方式是不断变化的，对于这种变化，现在人们还不能完全掌握。有些人认为，一些昆虫之所以屏蔽了化学药物的毒性是因为其具有有利的身体结构，但这个理由并没有得到什么切实证据的支撑。但是，在布利杰博士所进行的一些观察中，一些昆虫种类所具有的免疫性已经清楚地表现出来了。据他报告，大量苍蝇在丹麦的佛毕泉害虫控制研究所中被观察到“就像以前的男巫在烧红的炭上跳舞似的在满是 DDT 的房间里快乐地舞动着”。

世界上其他许多地方都传来了类似的报告。在马来西亚的吉隆坡，蚊子第一次在喷药中心区外表现出了对 DDT 的抗药性。当抗药性产生以后，人们能够在堆积如山的 DDT 上看到有蚊子停着，用手电筒就能清楚地看到它们。另外，在中国台湾南部的一个兵营里发现的具有抗药性的臭虫样品身体上就带有 DDT 的粉末。后来在实验室中，实验员用一块满是 DDT 的布将这些臭虫包裹起来，它们存活时间长达一个月并且还产了卵，而且出来的小臭虫还长大了、长肥了。

但是，抗药性并不特别依赖于身体的构造。对 DDT 具有抗药性的苍蝇具有一种可使 DDT 降解为毒性较小的化学物质 DDE 的酶，这种酶只在那些具有 DDT 抗性遗传因素的苍蝇身上产生。当然，这种抗性因素是代代相传的。至于苍蝇和其他昆虫究竟如何能对有机磷类化学物质产生解毒作用，我们还不太清楚。

昆虫的一些活动习性也可使之避免与化学药物接触。许多工作人员注意到，具有抗药性的苍蝇喜欢停在没有喷洒过药物的地面上，而不喜欢停在喷洒过药物的墙壁上。具有抗药性的家蝇可能有稳定的飞行习惯，它们总是在同一个地点停下来，这样它们就大大减少了与毒药残余的接触。有一些疟蚊具有一种习性可以使自己尽量少在DDT中暴露，这样的做法实际上可使自己减少中毒的几率；在喷洒的化学药物的刺激下，它们立刻飞得远远地，然后在外面存活下来。

一般来说，昆虫产生抗药性需要两到三年的时间，偶尔也会只需要一个季度甚至更短的时间。但在一个极端的情况之下，它们可能需要长达六年之久的时间。一种昆虫在一年中能够繁殖几代根据种类和气候的情况而有所不同，有多有少。例如，抗药性在加拿大苍蝇中的发展要比在美国南部的苍蝇中发展更缓慢一些，那是因为美国南部漫长、炎热的夏天适合昆虫的快速繁殖。

人们有时会提出一个充满希望的问题，“既然昆虫都能够变得对化学物质百毒不侵，那么人类为什么不能也同样变得具有抗药性呢？”从理论上讲，这也不是没有可能的，但是产生这种抗药性需要很长的时间，需要几百年，甚至几千年，现在活着的人们大可不必对人类产生抗药性抱有什么奢望了。抗药性并不是在个体生物中产生的。如果一个人一出生所具有的某些特性使其比常人更能抵抗毒药的毒性，那么他就更容易生存下来，并延续自己的后代。抗药性是在一个群体中、经过许多代才能产生的。人类群体的繁殖速度大约为每世纪三代人，而昆虫产生新的一代只需要几天或几个星期。

布利杰博士在担任荷兰植物保护服务处的指导者时提出了这样的忠

告，“昆虫确实给我们带来了一定的损害，我们是尽量容忍呢？还是为了暂时的避免遭受损害，接连不断地用尽各种方式将它们消灭呢？在我看来，在某些情况下，前者比后者要明智得多。”他这样认为，“从实践中得出的结论是‘尽可能少的喷药’，而不是‘尽量多的喷药’……给害虫施加的喷药压力始终应当尽可能地减少。”

可惜的是，这种观点并未被美国的农业服务处广泛采纳。农业部专门论述昆虫问题的年鉴也在1952年承认了昆虫正在产生抗药性这一事实，但是它又继续表示，“为了充分控制昆虫，我们仍然需要更加频繁、更大量地使用杀虫剂。”农业部并没有说明，那些没有经过试验的化学药物不仅能够消灭世界上的昆虫，而且能够消灭世界上的一切生命。就是仅在这一建议提出七年之后，也就是1959年，康涅狄格州的一位昆虫学家在《农业和食物化学杂志》中提到，至少已有一两类害虫正在经历最新的、最后能用的化学药物了。

布利杰博士表示，“再清楚不过的一点是，我们正在走上一条危险的不归路。……我们必须要在其他的控制手段上展开大力研究，而且这些新方法必须是生物学上的，而不能是化学上的。我们的目的是要尽可能小心翼翼地使自然变化过程按照我们希望的那个方向发展，而不是通过任何暴力的手段……”

我们需要更加理智的方针政策和更加长远的目光，而这些都是我很难在现在的研究者们身上看到的。生命的奇迹远远超过了我们的理解能力，哪怕我们必须要和它抗争，也需要保持尊重的态度……企图依靠杀虫剂来消灭昆虫足以说明我们的知识匮乏和能力欠缺，如果不能控制自然变化过程，任何暴力手段的使用都是徒劳无功的。对于这个问题，科学上需要的是谦虚谨慎，没有任何理由可以骄傲自满。

十七　另外的路

现在，我们正站在两条道路的交叉路口上，但是是完全不同的两条道路，它们更是与人们所熟知的罗伯特·福罗斯特的诗歌中的道路截然不同。因为我们长期以来一直都在这条路上行驶以致人们认为这条道路是正确的、没有阻碍的高速公路，我们能在这条道路上飞速前进。而实际上，这条道路的终点处总是有灾难在等待着我们。这条道路的“很少有人选择的”支路却为我们提供了保护我们赖以生存的地球的最后的唯一机会。

归根到底，我们要自己做出选择。如果我们在长期被蒙在鼓里之后开始坚信我们应该有“知道的权利”，如果我们提高了自己的认识而能够确定我们正在被要求做的事情是愚蠢而冒险的，那么当有人要我们用化学毒药去塞满这个世界的时候，我们应该拒绝听从这些人的意见，我们应该看看周围，看看还有什么方式是可行的，还有什么道路是可以走的。

在对昆虫进行控制中，我们确实需要各种各样的变通方式来代替化学药物。在这些变通的可行方法中，有些已被投入使用，并取得了辉煌的成果；还有一些处在实验的阶段；还有一些以设想的形式存在于思维活跃的科学家的脑海中，等到时机成熟时就会进行实验。上述所有的方式都有一个共同点，那就是它们都是通过生物学来解决问题的。这些对昆虫控制的方法都是基于对有机体以及所依赖的整个生命世界结构的理解之上的。生物学广泛领域中各种各样的专家——昆虫学家、病理学家、遗传学家、生理学家、生物化学家、生态学家，他们都正在将自己深厚的知识积淀和创造的灵感奉献给一个新兴的科学门类——生物控制。

生物学家约翰·霍普金斯说："任何一门科学都好像一条河流。刚开始时，它是默默无闻的涓涓细流；之后时而平静的流淌，时而湍急向前；有时它会干涸，有时它又会相当丰沛。依靠研究人员的辛勤工作和许多不同思想的会合，河流吸纳了越来越多的支流变得汹涌澎湃起来，它不断地奔涌而来，新的概念和理论的融入令它越来越宽广。"

从目前的情况看来，生物控制科学的发展正是与约翰·霍普金斯的观点相契合的。一个世纪之前，美国的生物控制学就开始启蒙了，当时是为了尝试控制已被判决为骚扰农民的天然有害昆虫，这门科学的进展有时缓慢，有时甚至完全停止，但在成功案例的推动之下常常能获得突飞猛进的发展。当二十世纪四十年代的各种各样令人眼花缭乱的新式杀虫剂出现在从事应用昆虫学工作人员的眼前时，一切生物学方法都被他们抛弃了，他们把自己的双脚捆绑在"化学控制的轮胎"上；这个时期，生物控制科学的河流是干涸的，所以，使世界免受昆虫之害的目标离我们渐行渐远。现在，因为人类漫不经心和随心所欲地使用化学药物给我们造成的危害已经超过了昆虫带来的危害，所以人们重拾起生物控制科学这个武器，生物控制科学之河因为新思想的不断汇入而丰沛起来。

最令人感兴趣的新方法是这样的：试图利用昆虫自身的力量来对付昆虫。这些成就中最令人赞叹的非"雄性绝育"技术莫属，这种技术是由美国农业部昆虫研究所的负责人爱德华·尼普林博士及其合作者们联合开发出来的。

尼普林博士约在二十五年以前因为提出了一种独特的昆虫控制方法而令他的同僚们大为震惊。他的观点是这样的：如果能够将人为导致的大量不育昆虫释放出去，使这些不育的雄性昆虫在特定情况下与生育能力正常的野生雄性昆虫竞争并获得胜利，那么，通过不断重复的释放出这类不育的雄性昆虫，雌虫就可能产出不能孵出的卵，渐渐地，这个种群就灭绝了。

官员们对这个观点麻木不仁，科学家们对这个观点表示怀疑，但是尼普林博士始终坚持着自己的观点。在这个观点付诸实施之前，需要解决的一个重要问题就是如何实现使雄性昆虫不育。从理论上讲，1916 年起，人们就知道了 X-射线照射昆虫可能导致昆虫不育。当时一位名为 G. A. 瑞尔的昆虫学家曾报道了有关烟草甲虫的这种不育现象。二十世纪二十年代末，在 X 射线引起昆虫突变的研究方面，赫尔曼・穆勒的开创性工作打开了一个全新的局面；到了二十世纪中期，至少有十几种昆虫在 X-射线或伽马射线作用下会出现不育现象的结论已被许多研究人员知晓。

但这些都是在室内进行的实验，离实际应用还有一定的距离。约在 1950 年，尼普林博士开始尽全力使昆虫的不育性变成消灭美国南部家畜的主要害虫——锥蝇的一件武器。这种蝇将卵产在所有流血受伤的动物外露的伤口上，它孵出的幼虫是一种寄生虫，以宿主的肉为食，一头成熟的小公牛可能因为受到这种害虫的严重感染在十天内死去，美国每年为此在畜牧方面损失高达 4000 万美元。而由它造成的野生动物的损失肯定也是极大的，但是具体的数额难以估计。正是这种锥蝇导致了得克萨斯州的某些区域里鹿很稀少。这是一种热带或亚热带昆虫，它们栖息于南美、中美和墨西哥，它们在美国通常栖息在西南部。但是大约在1933年，它们意外来到了佛罗里达州，那儿的气候允许它们度过冬天和建立种群。它们继而发展到了亚拉巴马州南部和佐治亚州，所以东南部各州的畜牧业很快就遭受了每年高达2000万美元的损失。

在那几年中，得克萨斯州农业部的科学家们已搜集了大量有关锥蝇的生物学信息。1954年，尼普林博士为了验证自己的观点，先在佛罗里达岛上进行了一些准备性的现场实验，然后准备在更大的范围内进行实验。为此，尼普林博士与荷兰政府达成了协议，他来到了加勒比海的、与大陆至少相隔50英里的库拉索岛。

尼普林博士从1954年8月开始进行实验，在佛罗里达州某个农业部实验室中经过培养和不育处理的锥蝇被空运到库拉索岛，之后由飞机每周在那儿播撒400平方英里的面积。实验公羊身上的卵群数量几乎是立刻开始变少了，速度就和它们发展起来的时候一样快。在这种不育锥蝇被广泛撒下的七周内，所有产下的卵都变成不育性的了。很快地，无论是不育性的还是正常的卵群都已找不到了。锥蝇已彻底从库拉索岛上被清除出去了。

尼普林博士在库拉索岛取得的成功很快就吸引了佛罗里达州牲畜业从业人员的兴趣，他们也希望通过这种技术使他们的牲畜免受锥蝇的伤害。但是在佛罗里达州进行这项工作的难道要大一些，因为它的面积是这个加勒比海中的小岛的300倍。不过在1957年时，美国农业部和佛罗里达州联手为消灭锥蝇的计划提供了基金。这个计划包括每周在一个专门的“苍蝇工厂”中生产大约5000万个锥蝇，还包括安排二十架轻型飞机按预定的航线每天飞行五六个小时，每架飞机带着1000个纸盒，每个纸盒中装着200到400个用X-射线照射过的锥蝇。

1957—1958 年间的冬天相当寒冷，佛罗里达州北部被深深的严寒笼罩着，这意外的为计划的执行提供了好机会，因为那时锥蝇的数量减少了，并且被限制在一个很小的区域内。当时计划人工养育 0.3 亿只锥蝇、用 17 个月的时间来完成这个计划，并要将不能生育的飞蝇广泛播撒在佛罗里达州及佐治亚州和亚拉巴马州。最后一次由锥蝇引起的动物伤口感染可能发生在 1959 年 2 月，在这之后的几周内，锥蝇钻进了人们设好的圈套中。再其后，锥蝇消失得无影无踪。美国东南部成功实现了消灭锥蝇的目标，这是科学创造力取得的光辉成就，当然还要依靠缜密的基础研究和坚定的决心、持久的毅力。

现在，一个设立在密西西比的隔离屏障正在努力地阻止锥蝇从西南部卷土重来；在西南部，锥蝇已被牢牢地圈禁起来了。在那儿，实施扑灭锥蝇的计划将会困难重重，因为那里幅员辽阔并面临着锥蝇从墨西哥重新入侵的可能。虽然如此，因为意义重大，农业部希望至少将锥蝇的数量保持在一个较低的水平内，而且很快计划在得克萨斯州和西南部锥蝇猖獗的其他地区推行一些计划。

这种方法在控制锥蝇上取得的辉煌战果激发起人们将这种方式应用于对其他种类昆虫的控制中的极大兴趣。但并不是所有的昆虫都适用这种方法，这种技术非常依赖于昆虫的生活习性、种群密度和对放射性的反应。

英国人希望通过这种方法消灭罗得西亚的采采蝇，这种昆虫在非洲三分之一的土地上蔓延着，给人类健康带来了严重威胁，并阻碍了人们在 450 万平方英里的树木茂密的草地上饲养牲畜。采采蝇的习性与那些锥蝇大不相同，尽管放射性作用也能使采采蝇丧失生育能力，但首先要解决一些技术性的困难才能使这种方法得以顺利应用。

对于各种昆虫对放射性的敏感度，英国人已经进行了大量的实验。对于果实蝇和东方及地中海果蝇，美国科学家已在夏威夷的室内试验以及遥远的罗塔岛的野外试验中取得了一些初步成果，这些成果令人欣喜。对玉米螟和甘蔗螟虫也都进行了试验。医学意义重大的昆虫也可能通过不育技术得到控制。一位智利科学家已经指出，从杀虫剂中逃脱了的蚊子依旧在其他国家中传播着疟疾，这时只有撒播不育的雄性蚊子才能对这种蚊子造成毁灭性的打击。

因为用放射性实现不育的困难是显而易见的，所以现在激起了人们对使用化学不育剂的热情，这是一种达到相同目的的较为容易的方法。

佛罗里达州奥兰多的农业部实验室里的科学家们，现在在实验室和一些野外实验中通过将化学药物混入食物的方法使家蝇不育。1961 年在佛罗里达的岛上进行的试验中，仅仅五周的时间，家蝇的群体都被消灭了。虽然后来从邻近岛屿飞来的家蝇又在本地再次繁殖起来，但这个试验作为一个先导性的试验还是成功的。我们不难理解农业部对这种方法的前景表现出的激动。正如我们所看到的，家蝇在第一个地方实际上已变得对杀虫剂免疫了，我们明显需要一种新的控制昆虫的方法。通过放射性来造成昆虫不育的问题之一是，这不仅需要人工培养，而且投放到野外的不育昆虫数量需要超过野生昆虫的数量。锥蝇可以做到这一点，因为实际上它并不是一种数量巨大的昆虫。但是家蝇就不同了，尽管家蝇数量的增加只是暂时的，但是投放超过原来数量两倍的家蝇一定会遭到激烈的反对。与之相反的是，将某种化学不育剂与诱饵混合在一起后投放到自然环境中，家蝇吃了这种混合物之后就会不育。最后，不能生育的家蝇最终会占据优势，之后这种昆虫将会灭绝。

观察化学物质导致不育的试验要比观察化学物质的毒性要麻烦得多。

虽然可以多种试验同时进行，但评估一种化学物质需要30天的时间。在1958年4月和1961年12月之间，科学家在奥兰多实验室对几百种化学物质的绝育效果进行了筛选。农业部高兴地发现了其中具有潜力的一些物质。

现在，农业部的其他实验室也正在继续对这一问题进行研究，进行通过化学物质消灭马房苍蝇、蚊子、棉子象鼻虫和各种果蝇的试验。目前这些都还处于实验阶段，不过自从开始对化学不育剂进行研究的短短几年中，这一工作已取得了很大进展。在理论上，它具有许多吸引人的特性。尼普林博士表示，有效的化学昆虫不育剂“可能会轻而易举的超越现有的最好的杀虫剂”。可以在这样的情况下做简单的计算：一百万只昆虫的群体每过一代就增加五倍。如果一种杀虫剂可以消灭每代昆虫中90%的数量，那么第三代以后还剩125，000只昆虫。与此同时，如果使用一种能导致90%的昆虫不育的化学物质，那么到了第三代时可能只有125只昆虫了。

这个方法也有不好的一面，那就是化学不育剂中也包括某些毒性极强的化学物质。但好在至少在早期阶段，大部分研究化学不育剂的研究者看起来都很注意药物和使用方式的安全性。但是，处处都能听到要求从空中喷洒这些能导致昆虫不育的化学药物的呼声。比如，给舞毒蛾幼虫破坏的叶子上喷洒这种化学药物。在没有彻底研究清楚可能导致的危害之前，这样的尝试是极其不负责任的。如果我们能在脑海中牢记化学不育剂具有潜在危害这件事，那么我们很快就能发现自己所面对的困难和麻烦比现在杀虫剂带来的要多得多。

目前正在试验中的不育剂一般可分为两类，这两类的作用方式都是很有意思的。第一类与细胞的生活过程或新陈代谢密切相关，即它们的性质与细胞或组织所需的物质是极其相似的，以致有机体将它们误以为是真的代谢物，并在自己正常的生长过程中努力与它们结合。但是这种物质的细节是错误的，所以导致细胞过程停止了。这种化学物质被称为抗代谢物。

第二类包括那些作用于染色体的化学物质，它们能对基因化学物质起作用并引起染色体的分裂。这一类化学不育剂是烃化剂，这是效果极为剧烈的化学物质，它能对细胞造成巨大的破坏，损害染色体，并导致突变。伦敦的彻斯特·比蒂研究所的皮特·亚历山大博士认为，“任何能对昆虫产生不育效果的烃化剂同样也是一种致变物或致癌物。”亚历山大博士认为，在昆虫控制方面使用任何类似的化学物质都是“充满非议”的。因此，人们希望现在进行的这些实验不是为了直接使用这些化学药物，而是由此引发其他一些新的、安全的发现，同时对打击目标昆虫具有高度的专一性。

在当前的研究中还有不少很新颖的思路，比如利用昆虫本身的生活习性来创造消灭昆虫的新武器。昆虫自己能产生出各种各样的毒液、引诱剂和排斥剂。这些分泌物的化学本质是怎样的呢？它们能否被用作有选择性的杀虫剂呢？科内尔大学和其他地方的科学家们正在寻找这些问题的答案，他们正在研究许多昆虫保护自己遭受捕食动物侵袭的防御机制，并正在努力解析昆虫分泌物的化学结构。还有一些科学家正在对“保幼激素”进行研究，这是一种效力很强的物质，它能够阻止昆虫幼虫在长到一定阶段之前发生变化。

引诱剂或是吸引剂也许是昆虫分泌物领域中效果最立竿见影的发明。大自然在这里再次为我们指明了前进的方向。舞毒蛾是其中特别引人注意的例子。因为体重太重，这类蛾的雌娥飞不起来，它在地面上或近地面的地方生活着，它只能在低矮的植物中扑打翅膀或者在树干上爬行。与之相反的是，雄蛾很会飞翔，在受到雌蛾体内一种特殊腺体释放出的气味吸引后，它能够从很远的地方飞过来。这一现象已被昆虫学家们利用多年，他们想方设法地从雌蛾体内提取了这种性引诱剂。当时在沿着昆虫分布地区边沿地带进行昆虫数量的调查时，人们用这种物质来诱捕雄蛾。但这是成本极高的一种方法，尽管东北部各州都在宣称严重遭受了虫害，但实际上并没有足够的舞毒蛾供人们来提取这种物质，所以人们还不得不从欧洲进口这种雌蛹，每只蛹的价格有时高达 0.5 美元。在经过多年的努力后，农业部的化学家们最近成功地分离出了这种性引诱剂，这是一个巨大的突破。随之而来的是十分相似的合成物质被成功地从蓖麻油中提取出来，这种物质能够骗过雄蛾，而且它和天然性引诱剂的引诱能力不相上下。在捕虫器中放置一微克（1/1，000，000 克）这么一丁点儿的这种物质就足以成为一个有效的诱饵。

这一切远远超出了科学研究的意义，因为这种新的、经济的“舞毒蛾诱饵”不仅能在昆虫调查工作中应用，而且还可在昆虫控制工作中应用。一些可能更具有引诱能力的物质现在正在试验之中。在这种可以被为心理战的实验中，人们将这种引诱剂制成微粒状并用飞机播撒，这样做的目的是为了迷惑雄蛾，从而改变它的正常行为。在这种具有引诱力的气味的干扰之下，雄蛾就无法找到能真正指向雌蛾的气味的踪迹。有关这种对昆虫展开进攻的方式，人们正在展开进一步的实验——欺骗雄蛾，让它努力要和一个假的雌蛾结成配偶。在实验室中，雄性舞毒蛾已经想要与木头的虫形物和其他小的、无生命的物体交配，只要是粘上舞毒蛾引诱剂的物体就可以了。这种引导舞毒蛾交配从而使其不能繁殖的方法是否真的能够减少昆虫的数量，还需要进一步证明，但这有趣而重要。

舞毒蛾引诱剂是一种人工合成的昆虫性引诱剂，不过可能就会有其他新的物质出现。现在，人们正在对一定数量的农业昆虫受人工仿制的引诱剂的影响情况进行研究。针对小麦瘿蝇和烟草天蛾的研究已取得了令人欢喜雀跃的成果。

人们现在正尝试着使用引诱剂和毒药的混合物去控制某些种类的昆虫。政府科学家曾发明了一种名为甲基丁香酚的引诱剂，并发现它对东方果蝇和瓜实蝇所向披靡。在日本南部450英里的博宁岛上进行的试验中，人们将这种引诱剂与一种毒物相结合，将这两种化学物质浸透了许多小片的纤维板，然后将这些小纤维板从空中散发到整座岛群上引诱和杀死那些雄性的苍蝇。这一“扑灭雄性”计划从1960年开始，一年之后，农业部估计有99%以上的苍蝇已被消灭了。这种方法相较于传说的杀虫剂方法明显具有优越性。在这种方法中，只是在纤维板块上使用有机磷毒药，其他野生生物是不可能吞食这种纤维板块的，而且它的残留物很快就会消失，所以不会对土壤和水造成潜在的污染。

但是，昆虫之间的交流并不是完全凭借产生吸引或排斥作用的气味来进行的。声音也可能成为报警或吸引的手段。某些蛾能够听到飞行中的蝙蝠所发出的连续不断的超声波（就像雷达系统一样引导它穿越黑暗）从而使自己能够避免遭遇捕捉的厄运。寄生蝇飞翔时发出的振翅声对锯蝇的幼虫是一种警告，它们听到这种声音就会警觉的聚集起来自卫。另一方面，在树木上生长的昆虫所发出的声音能让它们的寄生生物发现它们；同样，对雄蚊子来说，雌蚊子的振翅声就像海妖的歌声一样悠扬。

如果真是这样，那么到底是什么能使昆虫能够对声音进行分辨和作出反应？虽然这一研究还处于实验阶段，但是已经很有趣了。通过播放雌蚊飞行声音的录音，人们在引诱雄蚁方面取得了初步成功，雄蚊被引诱到一个充电的电网上被电死了。在加拿大进行的实验中，实验人员研究用超声波来对付玉米螟和甜菜夜蛾。研究动物声音的两名权威人士——夏威夷大学的休伯特教授和马希尔教授表示，只要能发现一把合适的钥匙去打开现有的关于昆虫声音的产生与接收的知识宝库，就可以发现用声音来影响昆虫行为的野外方法。他们俩在这个领域中因为自己的发明而出名，他们发现燕八哥在听到自己同类的惊叫声的录音时，便惊慌四散了。也许在这些事实中存在着一些能够用来对付昆虫的重要线索。这种可能性对于长期在工业中摸爬滚打的人来说是完全可以实现的，现在，至少有一家大型电子公司准备设立实验室进行昆虫试验。

人们也在对声音直接作为一个毁灭性的武器进行探索研究。在一个实验池塘中，超声波将所有蚊子的幼虫全部杀死，它同样也杀死了其他水生有机体。在另一个实验中，绿头苍蝇、粉虫和黄热病蚊子在几秒钟内可以被由空气产生的超声波杀死。所有这些实验都是朝着一个全新的控制昆虫的理念迈出的探索性的第一步，有一天，神奇的电子学会把这些方法都变为现实。

不仅仅只有电子学、伽马射线和其他人类发明智慧的产物与研发对付昆虫的新控制方法有关，那些古老的方法中也发现了新的控制方法。其中某些方法就是基于昆虫也会像人类一样生病这样的认识。就像古代鼠疫对人的影响一样，细菌的传染也能对昆虫的种群造成毁灭性的影响；在病毒爆发时，昆虫的群落就会染病然后死亡。在亚里士多德时代以前，人们就知道在昆虫中也会暴发疾病；在中世纪的诗文中曾有蚕的疾病的记录，并且通过对蚕这种昆虫所患疾病的研究，巴斯德第一次发现了传染性疾病原理。

昆虫不仅会受到病毒和细菌的侵扰，而且也会受到真菌、原生动物、极微小的寄生虫和其他肉眼看不见的微小生命世界中的微小生物的侵害，这些微小的生命全都是人类的同盟军，因为这些微生物中不仅包括致病的有机体，也包括那些能处理废物、滋养土壤，并像发酵作用和硝化作用一样进入无数生化过程的有机体。为什么它们不能也在控制昆虫的方面帮助我们呢？

十九世纪的动物学家伊利·梅奇尼科夫是第一个设想这样利用微生物的人。在十九世纪的后几十年和二十世纪前期的这整个时间段内，有关微生物控制的构想正在慢慢成形。二十世纪三十年代后期第一次出现了在一种昆虫的环境中引入一种疾病可使这种昆虫得到控制的证据，当时在日本甲虫中发现了乳白病，乳白病是由一种属于杆菌类的孢子所引起的，人们利用了乳白病来控制日本甲虫。我在第七章中已提到，这一细菌控制的经典案例在美国东部已有着漫长的历史。

现在，人们在对另一种细菌——苏云金芽孢杆菌的试验上寄托了极大的希望，最初在1911年时人们在德国图林根州发现了这种细菌，人们发现它能引起地中海粉螟幼虫的致命性的败血病。实际上，这种细菌的杀伤作用是靠中毒，而不是疾病。在这种细菌生长迅猛的枝芽中，连同孢子一起形成了对某些昆虫，特别是像蛾一样的鳞翅类昆虫毒性很强的特殊蛋白质晶体。幼虫吃了覆盖着这种毒素的叶子后就会出现麻痹、停止进食的症状并立即死去。从实际应用的角度看，立即停止进食的效果是很好的，因为只要在土地中使用了病菌，害虫对庄稼的破坏马上就会停止了。美国一些公司正在使用不同的商标将含有苏云金芽孢杆菌的混合物生产出来。一些国家正在进行野外试验：德国和法国为了对付纹白蝶幼虫，南斯拉夫为了对付美国白蛾，苏联为了对付天幕毛虫。在巴拿马，试验开始于1961年，这种细菌杀虫剂也许能解决香蕉种植者所面临的一些严重问题。在那儿，对香蕉树造成威胁的一种害虫是根蛀虫，因为香蕉树的根部被它破坏了，所以香蕉树很容易被风吹倒。虽然狄氏剂一直以来都是对付根蛀虫的有效的化学药物，但它现在已引起了灾难性的连锁反应，而现在根蚊虫也正在复兴中。狄氏剂也消灭了一些重要的捕食性昆虫，并且导致了很小的、身体坚硬的卷叶蛾的增多，它的幼虫总是把香蕉的表面弄得伤痕累累。人们有理由对这种的细菌杀虫剂寄予厚望——在不扰乱自然控制作用的条件下将卷叶蛾和根蛀虫统统消灭掉。

在加拿大和美国东部森林中，对于诸如蚜虫和舞毒蛾这类森林昆虫造成的问题，细菌杀虫剂可能是一个重要的解决办法。1960 年，这两个国家都开始用苏云金芽孢杆菌制品进行野外试验。初步取得的成果令人鼓舞。比如在佛蒙特州，通过细菌控制取得的效果和使用 DDT 的效果是一样的。目前，最主要的技术问题是要研发出一种溶液，通过它把细菌的孢子粘在常青植物的针叶上。而对于农作物来说，不存在这个问题，因为即使是药粉也能施用；尤其在加利福尼亚，细菌杀虫剂已被尝试在各种各样的蔬菜上使用。

与此同时，围绕病毒开展的一些研究也许不那么引人注目。在加利福尼亚长着幼小紫苜蓿的原野上，漫山遍野都弥漫着一种取自毛虫（这些毛虫是因为感染了这种毒性极强的病毒而死亡的）体内的病毒溶液的物质，这种物质在消灭紫苜蓿毛虫上和任何一种杀虫剂具有同等的杀伤力。处理一英亩的紫苜蓿只需有 5 只患病的毛虫提供的病毒就足够了。在加拿大的一些森林中，一种对松树锯蝇有效的病毒在昆虫控制方面已取得显著成效，现在它已代替了杀虫剂。

捷克斯洛伐克的科学家们正在进行用原生动物对付结网毛虫和其他虫灾的实验；在美国，人们发现一种寄生性的原生动物能够降低玉米螟的产卵能力并已投入使用。

有些人认为，微生物杀虫剂可能会引发威胁其他生命的细菌战。实际情况并非如此。与化学药物相比，昆虫病菌仅对需要作用的对象起作用而对其他所有生物都是无害的。爱德华·斯坦豪斯博士是一位杰出的昆虫病理学权威，他强调，“无论是在实验室中，还是在自然界中，从来没有经过证实的能真正引起脊椎动物传染病的昆虫病菌方面的记录。”昆虫病菌具有相当强的专一性，以致它们只对一小部分昆虫具有传染能力，有时只对一种昆虫有传染能力。正如斯坦豪斯博士所指出的，自然界爆发的昆虫疾病始终局限于昆虫中，它既不影响宿主植物，也不影响以昆虫为食的动物。

不仅许多种类的微生物，而且还有其他种类的昆虫都能是昆虫的天敌。通过刺激昆虫天敌的发展从而达到控制昆虫的目的是第一个控制昆虫的生物学方法，这个方法应该归功于1800年伊拉兹马斯·达尔文的发现。可能因为这是最早使用的生物控制方法，所以人们普遍错误认为这是替代化学药物的唯一方法。

在美国，从1888年起，生物控制开始成为常规的方法，当时阿伯特·柯伊贝尔（他是越来越多的昆虫学家探险者中一员）去澳大利亚寻找绵蚧的天敌，加利福尼亚的柑橘业因为它们的存在面临着被毁灭的威胁。如我们在第十五章中已看到的，这项任务获得了巨大的成功，在20世纪中，人们在世界各处寻找能够控制突然闯入我们国家边界的那些昆虫。人们总共确定了大约100种重要的捕食性和寄生性昆虫。不仅柯伊贝尔引入的澳洲瓢虫很成功，其他的进口昆虫也表现得很好。一种从日本进口的黄蜂已经完全控制住了对东部苹果园造成损害的一种昆虫。带斑点的紫苜蓿蚜虫的一些天敌是意外从中东进口而来的，它们拯救了加利福尼亚的紫苜蓿业。如同土蜂成功控制了日本甲虫一样，舞毒蛾的捕食者和寄生者们也对舞毒蛾起到了很好的控制作用。加利福尼亚州因为进行了对介壳虫和多毛绵蚧的生物学控制，预计每年能够减少几百万美元的损失。加州一位著名的昆虫学家保罗·德伯奇博士进行了估算，加利福尼亚州在生物学控制工作中投入了400万美元，而已获得了10，000万美元的回报。

在全世界40个国家中都出现了通过引进昆虫的天敌而成功控制了严重虫灾的生物学控制案例。与化学手段相比，这种控制方法具有明显的优越性：它相对便宜，而且效果是永久的，并且不会遗留残毒。可惜的是，生物学控制一直缺乏大力的支持。实际上，在进行成熟的生物学控制计划方面，各州中只有加利福尼亚在孤独的前行着，许多州中甚至连一位致力于生物控制研究的昆虫学家都没有。也许，用昆虫天敌来实现生物控制的方法还缺乏科学上的严密性。目前，有关生物防治对昆虫种群的影响，人们还没有对此进行过严格研究，也没有进行精准地天敌投放工作，而可能就是由这种精确性决定了生物控制的成败与否。

捕食性昆虫和被捕食昆虫都不会单独存在，它们只能作为生命巨网的一部分而存在，我们对这一切都需要进行缜密的思考。因为现代农业都已高度自动化了，所以农田已与想象中的自然状态大不相同。但是森林是一个不同的世界，那儿更接近自然环境。人类对那里的干扰是最小的，大自然可以按照原本的样子随心所欲的发展，建立起保护森林免受昆虫危害的、美妙而又错综复杂的控制和平衡系统。

我们美国的森林种植人看来已在考虑主要通过引进捕食性昆虫和寄生性昆虫来进行生物控制的方法。加拿大人对此目光更为长远一些，而一些欧洲人已经走得很远了，他们的“森林卫生学”已发展到了令人震惊的程度。和树木一样，鸟、蚂蚁、森林蜘蛛和土壤细菌都是森林的一部分，在这种观点的指导下，欧洲育林人在种植新森林时也一定会引入这些保护性的因素。第一步是吸引鸟儿前来筑巢。在现在的这种情况之下，老的空心树已经消失了，啄木鸟和其他在树上筑巢的鸟儿失去了栖息之处，人们用巢箱解决了这个问题，从而鸟儿们又被吸引进了森林。还有专门为猫头鹰、蝙蝠设计的巢箱，鸟儿在这些巢箱中过夜，白天的时候，这些小鸟儿就能捕虫。

但这仅仅只是第一步。将一种森林红蚁作为进攻性的捕食昆虫是在欧洲森林中进行的控制工作中最引人注目的地方，可惜这个种类在北美不存在。大约在二十五年以前，维尔茨堡大学的卡尔·格斯华特教授发现了一种培养这种红蚁的方法，并培养出了红蚁群体。在他的指导下，一万多个红蚁群体已被安置在德意志联邦共和国的九十个试验地区中。意大利和其他国家已采纳了格斯华特教授的方法，他们建立起了蚂蚁农场，繁殖需要在林区散播的蚁群。比如，在亚平宁山脉，几百个蚁群已经发展起来用于保护新开发的森林。

德国莫尔恩的林业官海因茨·鲁佩芬博士说："在森林中，你可以看到在有鸟类保护、蚂蚁保护，还有一些蝙蝠和猫头鹰共同体的那些地方，生物学平衡已得到明显改观。"他认为，引入一整套树林的"天然伙伴"的效果要好于单一地引进一种捕食昆虫或寄生昆虫的效果。

在莫尔恩的森林中，铁丝网将新的蚁群保护起来以免它们受到啄木鸟的伤害。通过这种方法，啄木鸟在试验地区 10 年中已增加了 400%，就不能对那些蚁群造成严重危害了，这种方法还能促使啄木鸟啄食树木上有害的毛虫。当地学校 10—14 岁孩子组成的少年团体负责照料这些蚁群（同样还有鸟巢箱）之类的大量工作。虽然代价极低，但是却能永久性的保护好这些森林。

鲁佩芬博士对蜘蛛的利用也是他工作中另一个极为有趣的方面，他在这个方面扮演着探路者的角色。虽然现在已有大量关于蜘蛛分类学和自然史方面的文献，但它们都是断断续续的、不完整的，而且内容也完全不涉及它们在生物学控制作用上所具有的价值。在已知的 22，000 种蜘蛛中，德国土生土长的有 760 种 （在美国土生土长约有 2000 种），德国森林中共有 29 个蜘蛛种族。

蜘蛛对育林人来说最重要的事情莫过于它们织造的网的种类，轮网蜘蛛之所以最重要是因为它们中间一些所织的网的网孔极其细密，以致它们能够捕捉到任何的飞虫。一个十字蜘蛛的大网（直径达 16 英寸）的网丝上约有 120，000 个黏性网结。一个蜘蛛在自己活着的 18 个月中平均可消灭 2000 个昆虫。一个在生物学上健全的森林的每平方米的土地上应有 50 至 150 个蜘蛛。在那些蜘蛛数量较少的地方，通过收集和散布装有蜘蛛卵的袋状子囊可以弥补这个不足。鲁佩芬博士说："三个横纹金蛛（美国也有这种蜘蛛）子囊可产生出一千个蜘蛛，它们共能捕捉 200，000 个飞虫。"他说，在春天出现的小巧纤细的小轮网蜘蛛非常重要，"当它们同时吐丝时，这些丝就在树木的枝头上形成了一个网盖来保护枝头的嫩芽不受飞虫侵扰。"当这些蜘蛛蜕皮和长大时，这个网也变大了。

尽管两地实际情况有所差别，加拿大生物学家们以前采取的研究路线也和这个十分相似。北美的森林在更大程度上是自然的，而不是人工种植的，而且能够对森林起到保护作用的昆虫种类也是不同的。在加拿大，人们比较重视那些在控制某些昆虫方面具有惊人能力的某些哺乳动物，尤其重视那些生活在森林树木下松软土壤中的昆虫。在这些昆虫中有一种名为锯蝇的昆虫，它之所以得到这个名字，是因为这种昆虫的雌虫长着锯齿状的产卵器，它用这个产卵器将常绿树的针叶剖开，并把它的卵产在其中。幼虫孵出后就落到地上，并在落叶松腐殖土中或在云杉、松树下的土层中形成蝇茧。森林地下的土壤中布满了由小型哺乳动物开掘出来的隧道和通路，形成了蜂巢状的世界，这些小动物包括白脚鼠、田鼠和各种地鼠。在这些小小的挖掘者中，好吃的地鼠能够发现并吞下大量的锯蝇蛹。它们对于茧的识别具有特殊的本领——把一只前脚放在茧上，先咬破一个头，就能判断出茧是不是空心的。这些贪吃的地鼠的胃口是惊人的，一只田鼠每天只能吃掉 200 个蛹，而仅以这种蛹为食的地鼠则每天至少吃 800 个。从室内实验的结果看，它们能够消灭 75%—98% 的锯蝇蛹。

纽芬兰岛当地因为没有地鼠而受到锯蝇侵害的事实也不足为奇了，他们热切期盼能够获得具有这些作用的一些小型哺乳动物的帮助，所以他们在 1958 年时对引进的一种面具地鼠——这是一种效率最高的锯蝇捕食者进行试验。1962 年，加拿大官方宣布试验成功。这种地鼠在当地繁殖起来，并已在整座岛上蔓延开来；在离释放点 10 英里的地方都能找到带有标记的地鼠。

想要维持森林的自然关系现在已拥有很多可以使用的武器。在森林中，通过使用化学药物来控制害虫的方法也只能是暂缓之计，并不能真正地解决问题，这种方式甚至会毒死森林小溪中的鱼群，给所有而非特定对象的昆虫带来灾难，并会破坏大自然天然的控制作用，而且会毁灭我们拼尽全力引进的那些自然控制因素。鲁佩芬博士认为，因为采取了这种粗暴的手段，“森林中生命之间相互协调、相互帮助的关系就被破坏了，而且寄生虫灾害卷土重来之间的时间间隔也越来越短了……所以，我们必须终结这些违背自然规律的粗暴行为，我们甚至已在所剩无几的、极其重要的自然生存空间中使用了这些粗暴的手段”。

地球是我们与其他生物共同的家园，为此我们提出了许多新颖的、充满想象力和创造力的方法。这些方法都要围绕一个永恒不变的主题，我们是在与强的生命群体打交道，我们面对着它的兴衰荣败。只有对这种生命的力量重视起来，并将这种力量小心谨慎地引导到有利于人类的轨道上来，我们才有希望在昆虫群落和我们人类本身之间达到和谐，形成平衡。

因为使用化学毒药这种风行一时的做法的失败迫使我们开始思考一些最基本的问题。就像远古穴居人所使用的棍棒那样低级的武器一样，化学药物也是一种相当低级的武器，它已开始被用来伤害有组织的生命体。这种有组织的生命体一方面看来极其软弱无力和极易被伤害的，而另一方面它又极其顽强，具有超强的恢复能力，它能够以出乎意料的方式进行反抗。一直爱好使用化学药物的人们对这些生命所拥有的超乎寻常的能力视而不见，他们胡乱处理着这些复杂的生命力量，毫无理智地开展计划，无视人道主义精神。

“控制自然”这个词是人类狂妄自大的产物，是处于初级阶段时的生物学和哲学的产物，当时人们认为的“控制自然”就是希望自然能够为人类服务，为人类提供便利。应用昆虫学上的概念和做法大都应该归因于科学启蒙时代的蒙昧。而这样一门如此原始的科学现在却已被最先进、杀伤最强的化学武器武装起来了。这些武器被用来消灭昆虫的同时也威胁着整个地球，这真是我们巨大的悲哀。

名师引读《寂静的春天》

《寂静的春天》是一本不寻常的书，它第一次将生态问题，具体说是将农药所造成的生态问题，全面而隆重地摆到人们面前；人们突然意识到，也许从某一个时候起，突然地春天里不再听得到燕子的呢喃、黄莺的啁啾，田野里变得寂静无声……那将是怎样的灭顶之灾！

就是这样的一本书，一本在全世界范围内引起人们关注生态问题的书，作为初中生的我们该如何阅读呢？下面给同学们提出两条阅读建议。

◆第一个建议：带着好奇速读，精彩之处精读。

“好奇”从哪儿来？请同学们先看看本书的目录：忍受的义务、死神的炼金术、再也没有鸟儿歌唱、天灾难逃、通过一扇狭窄的窗户、雪崩的轰隆声……这些题目确实有些雷人！看到这些题目你一定会很好奇，一定会在心中问个为什么，你完全可以顺着这份“好奇”的驱使，以快速阅读的方式来满足这份好奇。

快速阅读，就是一目十行，迅速浏览，追求是把握大意而不纠缠细节，追求的是快快寻到答案而不在乎所以然。“死神的炼金术”是什么？

为什么“再也没有鸟儿歌唱”？怎么会“天灾难逃”？……这些问题的答案，完全可以通过快速阅读获得。

快速阅读还可以快速地跳读，也就是不按作品的顺序跳跃式的选择内容阅读。选择什么内容依据自己的“好奇”决定，你可以在读了第一章“为明天寓言”之后就跳读到第三章“死神的炼金术”，然后又跳到阅读第六章“地球的绿披风”……就这样读下去，你会觉得你的阅读是自由的，是愉悦的，也是有收获的。

但是，在速读跳读的过程中遇到精彩的地方，建议你又要认认真真地作一番精读。精读意味着要读得慢一些，读得慎重一点，甚至还有一些再三的思考。比方说，全书的开篇中有这样的描写：“城镇处于繁茂的农场中央，周围是庄稼地，小山下果树成林。春天，繁花点缀绿色原野；秋天，透过松林，橡树、枫树和桦树闪射出彩色的光辉，狐狸在小山上号叫着，小鹿静悄悄地穿过了笼罩着秋天晨雾的原野。当农民移居这里之后，一片奇怪的阴影出现在这个地区的上空，一切都开始变化。一些不祥的预兆降临村落里，神秘莫测的疾病袭击了成群的小鸡、牛羊，到处是死神的幽灵。”当你读到这里时，你一定有一种进入画面的感觉，能够感觉到那里的自然恬静与美好；接着你又惊异于“农民移居”所带来的“奇怪阴影”，分明又感觉到了一份恐惧和不安；你还能感到这些语言不凡的表现力，寥寥数语竟将两种截然不同场景放到了一起，给你带了强烈冲击。阅读中有了这样的体验过程，有了这样的分析过程，这就是在精读。

快快地读，跳跃着读，慢慢精读，《寂静的春天》就可以这么读！

◆第二个建议：读时动动笔，读后做点事。

《寂静的春天》用许多令人惊骇的事实、画面、场景，向我们讲述了我们面临的生态危机。相信同学们在阅读过程中，你的感官、你的认知，在不断受到冲击，甚至你的精神都有一种遭受折磨的感觉。读这样的作品，有必要读时动动笔，读后做点事。

读时动动笔，可以做这样的两项工作：一是读到画面、场景特别的地方，拿起笔打个圈、画画线，或者打个感叹号等等；这个看似简单的动作，意味着“此处我认真读了”。二是读到一些特别令人震憾的事实描述时，你可能会激动不已，可能会心绪难平，这时请拿起笔，把你的激动、你的思考记录下来；你这一写，表明你有了体验，有了思考。

读后做点事，有一项工作可以做一做：基于阅读这部作品所受的教育和启发，同学们可以一起来谈一谈身边的生态危机。为了做好这项工作，同学们可以先做点调查，掌握一些事实，然后全班同学一起交流交流，说不定还可以提出一些很好的保护生态的建议呢！

（王章材　撰稿）

《寂静的春天》阅读记录单

学校：　　　　　　　　班级：　　　　　　　　姓名：

第一类接触：
☆读完这部作品，你前后花了多少天？
☆在阅读过程中你与哪些同学或他人谈论过这部作品？
☆请根据作品内容列举出农药使用所带来的一些危害。
第二类接触：
☆说说看，读完这部作品你认为自己有了哪些收获？
☆想想看，请你对《寂静的春天》的作者说几句话。
☆想想看，你身边有哪些生态危机现象？请就其中的一项提出两条保护措施。

语文教师（签名）：

图书在版编目（CIP）数据

寂静的春天 /（美）蕾切尔·卡逊著；曹越译. -- 武汉：长江文艺出版社，2020.12(2023.11 重印)
ISBN 978-7-5702-1962-9

Ⅰ. ①寂… Ⅱ. ①蕾… ②曹… Ⅲ. ①环境保护－青少年读物 Ⅳ. ①X-49

中国版本图书馆 CIP 数据核字(2020)第 247669 号

责任编辑：黄柳依　　责任校对：毛季慧
封面设计：于鹏波　　责任印制：邱　莉　王光兴

出版：长江出版传媒 | 长江文艺出版社
地址：武汉市雄楚大街 268 号　　邮编：430070
发行：长江文艺出版社
http://www.cjlap.com
印刷：湖北新华印务有限公司

开本：640 毫米×970 毫米　1/16　印张：17
版次：2020 年 12 月第 1 版　2023 年 11 月第 5 次印刷
字数：202 千字

定价：34.00 元
